건축과 감각
The Eyes of the Skin

The Eyes of the Skin: Architecture and the Senses, 3rd edition
(9781119941286/1119941288) by Juhani Pallasmaa

건축과 감각
The Eyes of the Skin
Architecture and the Senses

JUHANI PALLASMAA 저 김 훈 옮김

Spacetime

차 례
CONTENTS

일러두기

1. 이 책은 2012년 출간된 Juhani Pallasmaa, 『The Eyes of the Skin』, the third edition, John Wiley & Sons의 번역이다. 본문에서 특별히 정해지지 않은 '지금'의 시점은 2012년을 기준으로 한다.

2. 본 번역본은 원서의 체제를 최대한 유지하였다. 즉 서문, 서론, 본문, 주와 색인의 순서이다. 옮긴이가 보탠 역주는 각 페이지의 하단에 정리하였으며 옮긴이의 후기는 가장 뒤쪽에 배치하였다.

3. 옮긴이는 이 책이 현재 많은 학교 건축 이론 교육의 기초과정에서 추천도서로 선정되는 상황을 고려하여 대학 학부과정을 기준으로 가능한 장황하지 않게 필요한 정보를 역주에 담고자 노력하였다. 저자가 대단히 다양한 분야의 저작과 작품을 인용하면서, 필요한 정보 모두를 역주로 담기에는 한계가 있었다. 본 번역본에서는 건축적인 것보다는 비 건축적인 분야에서, 유연한 독서의 진행을 위해 필요한 부분에 좀 더 집중하여 역주를 작성하였음을 밝혀둔다.

4. 원서의 제목은 『The Eyes of the Skin』이다. 이를 한국어로 옮기면 '*피부의 시선*' 내지는 '*촉각으로서의 시각*' 등으로 가능하겠으나 의미의 전달이나 어감 상 어느 쪽으로도 적절하다고 생각되지 않았다. 본 번역본에서 적용한 『건축과 감각』은 원서에서 부제로 올라있는 이름이다. 이러한 선택은 저자가 직접 제목의 의미를 서론에서 별도로 설명하고 있기 때문이며, 한국어로 옮기기 쉽지 않은 제목의 경우 종종 부제를 번역본의 제목으로 사용하는 국내외의 전례 역시 참고하였다.

5. 원문에 숨어 있는 위트와 의미를 전달하기 위해 다수의 단어에 원문 표현을 병기하였다. 이는 본문에 등장하는 인물과 상황 및 감각을 설명하는 것에 적용되어 같은 인물이나 어휘가 반복적으로 사용되는 경우, 처음 일회에 한하여 영어를 병기하는 것을 원칙으로 하였다. 그러나 예외적으로 같은 감각에 해당하는 여러 어휘가 가까운 문장에서 다양하게 적용되거나, 같은 어휘를 다른 의미로 사용하는 경우에는 반복하여 병기하였다.

6. 인명. 지명의 표기에서 기본적으로 외래어 표기법을 따라 기록하였다. 외래어 표기법에 설명되지 않는 북구권의 인명과 지명의 경우, 가능한 경우 원음에 준하여 한국어로 옮겼으며, 한국어로 옮겨진 이력이 있는 경우 그 빈도와 유사성을 기준으로 적용 여부를 판별하였다.

7. 저자가 본문에서 직접 제목을 언급하는 책은 그 의미를 해석하여 기입하였다. 국내 번역본이 있는 경우 역주의 형식으로 번역본 정보를 기입하였다.

얇은 얼음

STEVEN HOLL

서문

비 내리는 뉴욕에 머물며 이 글을 쓰고 있었을 때, 내 머리 속으로는 갓 내린 눈으로 하얗게 덮인 헬싱키의 풍경과 그 곳의 얇은 얼음을 생각하고 있었다. 그러던 중에 핀란드의 추운 겨울에 대한 이야기가 기억났다. 매 해 겨울, 두꺼운 얼음이 북녘의 호수를 뒤덮고나면 그 위로 사람들이 각자의 지름길을 만들며 호수를 가로지르는 그 곳. 몇 달 후 얼음이 얇게 녹으면, 누군가는 부서지는 얼음 위로 차를 몰아 호수를 횡단하는 모험을 꿈꿀 것이다. 나는 상상해본다. 차갑고 검은 물이 가라앉는 차 안으로 차올라, 차창 밖으로 퍼지며 하얀 얼음에 균열을 내는 마지막 장면을 바라보는 내 모습을. 핀란드라는 단어는 비극적이면서 신비로운 아름다움을 연상하게 한다.

유하니 팔라스마Juhani Pallasmaa와의 첫 만남은, 1991년 8월 유배스큘래Jyväskylä에서 개최된 제 5회 알바 알토 심포지엄 참석차 내가 핀란드를 처음 방문했을 때였다. 이 때부터 우리는 건축적 현상학에 대한 생각들을 공유하기 시작했다.

우리가 다시 만난 것은 1992년 10월, 내가 헬싱키 현대미술관 설계작업으로 헬싱키에 있었을 때였다. 나는 메를로-퐁티의 저술들이 공간적 시퀀스나 텍스쳐, 재료, 빛의 차원으로 해석가능하며, 혹은 그렇게 해석해야한다고 이야기 했다. 더불어, 실제의 건축을 통해 그의 생각을 체험하는 것이 가능하다고 말했다. 우리는 점심시간 내내 이같은 대화를 헬싱키항에 정박해있던 큰 목조보트의 갑판 아래에서 나눴다. 항구의 일부는 얼어붙어 있었고, 보트는 조금씩 흔들렸다. 채소스프에서는 몽글몽글한 김이 올라왔다. 나는 이전에 유하니 팔라스마의 건축을 접한 적이 있다. 로바니에미Rovaniemi에 있는 훌륭한 미술관 증축작업에서부터, 핀란드 서남부 튀르크 아키펠라고Turku Archipelago 1)의 작지만 비범해보이는 돌섬 위에 지

•

1) 핀란드 서남부 항구도시 튀르크 외곽의 아키펠라고 해(海). 발트 해에 속한다.

은 여름별장에 이르기까지, 그의 작업에서는 공간이 감각되는 방식, 즉 장소의 소리나 냄새 같은 감각적 영역이, 눈으로 보는 방식만큼이나 중요한 비중을 차지하고 있다. 팔라스마는 훌륭한 이론가일 뿐 아니라, 현상학적 통찰력을 갖춘 훌륭한 건축가이다. 그는 분석이 불가능한unanalysable 성질의, 감각을 활용하는 건축을 실천하고 있는데, 이러한 작업들의 경이로운 가치는 건축철학에 가까운 그의 저술활동에 구체화되어 있다.

1993년 토시오 나카무라2)의 초청으로 우리는 알베르토 페레스 고메스Alberto Pérez-Gömez와 함께 『지각의 문제들 : 건축의 현상학*Questions of Perception; Phenomenology of Architecture*』1이라고 이름붙인 작은 책을 발간했다. 몇 년이 지나 출판사였던 A+U사는 여기서의 논의들이 다른 건축가들한테도 중요하다고 생각했고, 이 책을 다시 출판하기로 결정했다.

유하니 팔라스마의 책, 『건축과 감각*The eyes of the Skin*』은, *지각의 문제에서*부터 발전한 논의들, 즉 인간이 건축을 경험할 때의 주요한 현상학적 차원의 문제들을 더욱 밀도 있고 명쾌하게 다루고 있다. 덴마크 건축가 스틴 아일러 라스무센Steen Eiler Rasmussen의 역작 『건축예술의 체득*Experiencing Architecture(1959)*』3) 이래 어떠한 책도 이토록 간결하고 명쾌하지 않았다. 이러한 특징들 덕분에 이 책은 21세기 건축발전을 위해 중요한 시기인 바로 지금, 학생과 건축가 모두한테 도움이 될 수 있을 것이다.2

메를로-퐁티의 유작 『보이는 것과 보이지 않는 것*The Visible and the Invisible*』에는 '얽힘-교차The Interwining-The Chiasm' 라는 제목의 놀라운 내용의 챕터가 있다(사실 그 이름은 내가 1992년 헬싱키 현대미술관 공모전에 출품한 작업 Kiasma의 기원

•

2) 일본의 건축 간행물 A+U의 편집자이자 건축평론가. 프리츠커상 수상 심사위원으로도 활약했다.

3) S.E. 라스무센, 『건축예술의 체득』, 선형종 역, 야정문화사, 2007

이다. 핀란드어에는 'C' 가 없어서 Chiasm이 Kiasma로 바뀐 것이다). 그 챕터에서 메를로-퐁티는 '사물의 지평Horizon of Things' 에 관해 이렇게 언급했다: '하늘이나 땅이 그러하듯, 지평은, 서로 결합되어 있는 사물들의 모임, 혹은 부류의 이름이나 개념의 논리적 가능성, "의식의 잠재성" 을 의미한다. 이것은 새로운 존재 유형으로, 다공성prosity, 잉태가능성pregnancy, 일반성generality에 의한 존재이며....' 3

21세기의 문턱을 넘어선지도 어느새 10년이 넘어선 지금, 이러한 생각들은 지평 너머로, 그리고 '피부 밑으로beneath the skin' 퍼져나갔다. 과장스러운 광고 기법에 의해 세계 도처로 퍼져 나간 소비상품들은 우리의 의식을 대체하고 사색하는 능력을 흩뜨려 놓는다. 건축에서도 최근 디지털로 과충전된 supercharged 새로운 기술의 적용이 이 과장법hyperbole에 동참하고 있다. 이러한 시끌벅적한 배후사정에서 보면, 팔라스마의 작업은 그가 한때 '침묵의 건축The Architecture of Silence' 라 칭했던 사색의 즐거운 고독과 결의를 환기한다. 나는 학생들에게 이책의 일독을 강력히 종용할 것이다. 그리고 배경 소음 background noise 4)에 대해 곰곰이 생각해 보라고 권할 것이다. 오늘, '우리 존재의 깊이depth of our being' 5)는 부서질듯 얇은 얼음 위에 서 있다.

•

4) 스티븐 홀의 의도는, 중요하게 생각하지 않은 배경의 감각과 의미에 중요성을 부여하라는 정도로 이해하는 것이 크게 무리가 없다. 본문에서는 시끌벅적한 배후사정(noisy background)와 맞물려 구를 이루며 반대의 속성을 강조하는 차원에서 사용되었다.

5) 종교학자 폴 틸리히Paul Tillich의 'depth of being' 에서 유사한 표현을 확인할 수 있다. 폴 틸리히의 차원에서 존재의 깊이는 존재에 대한 궁극적인 가치에 대한 공간적인 은유이다.

촉각으로 느끼는 세계

JUHANI PALLASMAA

3판에 부친 서론

나의 작은 책 『건축과 감각』은 런던의 아카데미 에디션즈사Academy Editions의 '논쟁Polemics' 시리즈의 한권으로 1996년에 처음으로 출판되었다. 그 시리즈의 편집자들은 내게 그 당시 건축적 담론에서 적절하다고 생각했던 주제에 관한 32페이지짜리 심화 에세이를 부탁했다.

그 원고의 두 번째 부분은 「일곱 가지 감각의 건축*An Architecture of the Seven Sense*」라고 이름 붙여진 에세이에서 기본적 아이디어를 취했다. 이 에세이는 1994년 7월 A+U 특별판으로 나온 *지각의 문제들Questions of Perception*의 일부로, 책은 스티븐 홀의 건축 작품에 관한 내용을 다루고 있으며 나의 글 말고도 홀 자신과 알베르토 페레스 고메스의 에세이들도 포함되어 있다. 어느 정도 시간이 지나 1995년 6월 코펜하겐에 있는 덴마크 왕립 미술 아카데미Royal Danish Academy of Fine Arts에서 건축적 현상학에 대한 세미나가 개최되었고, 여기에 *지각의 문제*들의 저자들 모두 강연자로 나섰다. 여기서의 강연들이 책 제 일장의 논쟁거리와 참고사항을 제공하였다.

놀랍게도, 이 대단치 않은 책은 상당히 긍정적인 평가를 받게 되었고, 전 세계의 많은 건축 학교들이 건축이론과정의 필독도서로 이 책을 선정하였다.

논쟁의 여지가 있는 이 에세이는, 처음에는 나의 개인적인 경험과 관점과 추측에 기초를 두고 있었다. 나는 건축의 교육과 구상, 비평 방식이 시각에 지배되고 다른 감각은 억제되는 상황이 점점 더 걱정스럽게 느껴졌다.

내가 이 책을 쓴 이후, 감각의 중요성에 대한 관심은 철학적으로나 건축을 경험하고 가르치고 만드는 차원에서나 유의미하게 증대했다. 나의 가정들—몸body이 지각perception, 사고thought, 의식consciousness의 장소로서 역할을 하고 있으며, 감각적 반응과 사고를 표현articulation, 저장storing, 처리processing하는 과정에서 감각들 하나하나가 중요하다고 생각했던 가정들—은 다른 작가들에 의해 확인되고 강화되었다. 특히 인간을 인간답게 구현하는 것human embodiment에 대한 철학적 탐구와 최근의 신경학적인 연구는 나의 가정에 대한 증거들을 제시하고 있다.

'The Eyes of the Skin' 이라는 제목을 선택하면서 나는 우리가 세계를 경험하고 이해하는데 촉각이 중요하다는 것이 표현되길 바랐다. 또한 우월한 지위를 가지고 있는 시각과 억눌린 촉감 영역 사이의 개념적인 의미의 합선short circuit을 일으키고 싶다는 의도도 있었다. 나중에 알게 된 것인데, 우리의 피부가 다양한 색깔을 구분할 수 있다고 한다. 우리는 실제로 피부로 보고 있는 것이다.[1]

인간의 삶에서 촉각을 이용하는tactile 감각의 중요성은 점점 더 분명해지고 있다. 인류학자 애슐리 몬터규Ashley Montagu는 의학적 증거를 바탕으로 촉감haptic 영역이 가장 우선하는 것임을 분명히 하고 있다.6)

> [피부는] 우리의 기관 중에서 가장 오래되고 가장 민감한 것으로, 소통을 위한 최초의 매개체이면서 가장 효과적인 보호장치이다 [...] 심지어 눈 부위의 투명한 각막조차도 피부의 변형된 한 층에 의해 덮이게 된다 [...] 촉각은 시각, 청각, 후각, 미각의 모체이다. 피부로 느끼는 촉감에서 다른 감각들이 분화되어 나타나는데, 실제로 이러한 생각은, 촉각을 '감각의 어머니' 로 보아온, 오래된 생각에도 있었던 것으로 보인다.[2]

만진다는 것touch은 우리가 세계와 우리자신의 경험을 통합하는 감각 방식이다. 심지어 시각적 지각조차도 촉감으로 구성된 자아의 연속체 속으로 녹아 들어가 통합된다. 나의 몸

●

6) 본문에서 촉각에 해당되는 용어는 nose(코), touch(만지기, 촉각), tactile(촉각을 이용하는), haptic(촉감의), tactility(감촉성), hapticity (촉감적 성격; 단어 자체가 조어이다) contact(접촉)으로 나누어 구분하였다. 저자는 다른 감각에 있어서도 엄밀하지는 않지만 다양한 어휘를 동원하여 설명에 적용하고 있다.

은 내가 현재 누구인지, 어떤 방식으로 내가 이 세계에 자리잡고 있는지를 기억하고 있다. 나의 몸은 진정으로 내 세계의 중심naval이다. 일소점 투시도central perspective의 뷰포인트의 차원의 이야기가 아니다. 참조와 기억과 상상, 통합이 일어나는 바로 그 장소로서의 의미에서 중심이라는 것이다. 시각을 포함한 모든 감각들은 촉각의 확장이다. 감각기관들은 피부조직에서 분화한 조직으로, 감각기관에 의한 모든 경험은 다양한 양식의 '만짐' 으로써 이해될 수 있으며 감촉성tactility과 관계가 있다. 우리와 세계의 접촉contact은 우리를 둘러싼 피막의 분화된 부분을 통해 자아의 경계선상에서 발생한다.

'삶을 고양하는life-enhancing' 3 건축이, 모든 감각에 동시에 말을 걸고, 세계의 경험과 자아이미지의 융합에 기여하는 종류의 것임은 자명하다. 건축물에 주어진 필수적인 과제는 순응accommodation인 동시에 통합integration이다. 건물은 우리의 인간적 척도와 질서에 대한 감각을 의미가 부여되지 않은 자연적 공간에 끝없이 투사시킨다. 건축은 단지 거짓된 망상의 세계 속에 우리를 살게 하지는 않는다. 건축은 우리가 세계-내-존재being-in-the-world 7)에 대한 경험을 분명하게 드러내고, 실재성reality에 대한 감각과 자아의식sense of self을 더 강하고 튼튼하게 한다.

자아의식이 예술과 건축에 의해 강화되었을 때, 꿈과 상상력, 욕망과 같은 정신적 차원들을 충분히 이해하는 것 또한 가능해진다. 건물과 도시는 인간의 실존적 상황을 이해하고 마주하기 위한 지평을 제공한다. 시각적으로만 매혹적인 대상을

●

7) 하이데거의 기초적 존재론의 용어. 현존재의 본질적 구조이다. 세계-내-존재는 인간 주위에 세계가 같이 있다는 상태적 특징만을 의미하지는 않는다. 세계-내-존재는 세계에 관심을 두는 현존재로서의 인간과, 인간이 교섭하는 방식에 따른 대응인 세계가 맺는 관계를 의미한다. 본문에서는 하이픈의 유무에 따라 세계-내-존재 혹은 세계 속의 자신의 존재 등으로 구분하여 번역하였다.

창조하는 것 대신, 건축은 의미들을 연계하고 중재하며 투사한다. 어떤 건물이라도 궁극적인 의미는 건축에 국한되지 않는다. 건축은 우리의 의식consciousness 8)을 세계로 향하도록 다시 돌려, 우리 고유의 자아와 존재에 대한 감각을 체험하도록 한다. 심오한 건축은 우리가 우리자신이 완전히 체화된 동시에 영적인 존재임을 경험하도록 해준다. 실제로 이것이 유의미한 모든 예술이 행하는 위대한 기능이다.

예술을 경험하는 과정에서 기묘한 교환 작용이 일어난다. 나의 감성과 연상associations은 공간으로 넘어가고, 지각과 사고를 자유롭게 하고, 특정방향으로 유도하던 공간의 분위기는 내게로 건너온다. 건축 작업은 망막에 맺히는 일련의 그림들이 아닌, 완전하고 통합적이며, 구체적이고 형태를 갖춘, 영적인 본질 안에서 경험된다. 건축 작업은 눈과 다른 감각의 '만짐' 을 위한 즐거운 형체들과 표면들을 제안하지만, 동시에 물리적, 정신적 구조들을 포함하고 통합한다. 이를 통해 우리의 실존적 경험은 한층 강화된 일관성과 중요성을 가지게 된다.

창의적인 작업에서, 예술가와 기능공은 모두 직접적으로 그들의 신체 및 실존적 경험과 관계를 맺게 된다. 외부적이고 객관화된 문제에 초점을 두는 부분은 상대적으로 크지 않다. 현명한 건축가는 자신의 몸 전체와 자아의식을 이용하여 작업을 한다. 하나의 건축물 혹은 하나의 대상에 관하여 작업하면서, 건축가는 자아 이미지, 좀 더 엄밀하게는 자신의 실존적 경험이라는 역투시reverse perspective 9)를 동시에 실행한다. 창의적인 작업에서는, 강력한 동일시identificaiton와 외부로의 투사가 일어난다. 만드는 이의 신체와 정신의 모든 구성consti-

•

8) 여기서 의식은 철학적으로는 능동적 특징을 가진 의지(意志)와 수 동적 특징을 가진 지각(知覺)을 포함한 인식의 근본적 조건으로서의 심리적-정신적 과정을 통칭하는 것으로 이해하여야 한다. (출처 : 교육학 용어사전, 서울대학교 교육연구소, 1995. 하우동설)

tution 10]이 작업현장이 된다. 일찍이 루드비히 비트겐슈타인 Ludwig Wittgenstein도 철학과 건축 작업 모두에서 자아 이미지와의 상호작용이 있음을 인정하고 있다. '철학 작업은—많은 측면에서 건축 작업과 비슷하게—실제로는 자기 자신에 대한 작업이다. 그것은 자신이 행하는 해석에 관한 작업이며, 자신이 대상을 어떻게 보고 있는지에 대한 작업이다...' 4

컴퓨터는 인간의 공상을 해방시키고 효율적인 디자인 작업을 가능하게 해주는, 이로운 발명으로만 이해되고 있다. 나는 이런 측면이, 적어도 교육과 디자인 프로세스에서 최근의 컴퓨터가 수행하는 역할만을 고려하더라도 심히 우려스럽다. 컴퓨터를 이용한 이미지 작업을 거치면서 디자인 프로세스는 수동적인 시각적 조작visual manipulation, 달리 표현하면 망막 위의 여정이 되어버렸다. 그러면서 우리의 거대하고, 다양한 감각을 사용하며, 동시적이면서 공시적인 상상의 힘은 밋밋해져 버리는 것이다flatten. 컴퓨터는 만드는 사람과 대상 사이에 거

●

9) 최초에 일본의 미술평론가 야나기 무네요시(柳宗悅)가 역원근법으로 번역하였으나 여기서는 역투시로 번역하였다. 일반적인 일소점 투시도법이 관찰자의 위치를 소실점으로 두고 시선을 투사하는 것에 반해 역투시는 관찰자의 위치와 소실점의 위치를 다른 반대선상에 두어 가까이 있을수록 작고 멀리 있을수록 커지는 투시도를 만들어 낸다. 비잔틴 회화나 18 ~ 19세기 조선의 책거리 그림, 패트릭 휴즈의 작품에서 활용 예를 발견할 수 있다. (그림 참조) 이는 주체를 기반으로 타자를 인식하는 것과는 달리 주체와 타자를 동시에 의식의 지평에 올려두고 인식하는 것을 의미한다. 저자는 여기서 건축 작업을 진행하는 것을 외적으로 초점(focus)을 두는 것과 자신의 이미지나 내부적 경험으로부터 나오는 동시성과 양방향성을 강조하기 위해 초점과 역투시라는 표현을 사용하고 있다.(왼쪽이 일반적 일소점 투시도, 오른쪽이 역원근법. 그림 출처 : wikipedia)

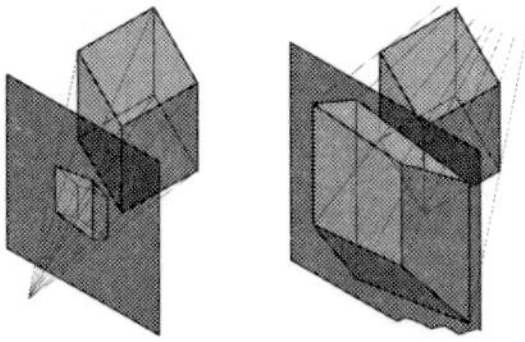

10) 신칸트주의나 현상학에서 사상이나 연구의 대상이 정신에 의해 구성됨을 의미한다. 이러한 '대상-구성' 은 독립적으로 현존하는 대상을 구조화 하거나 의미를 부여하는 것으로부터 우리가 인지하는 세계를 실질적으로 '창조' 한다는 더욱 급진적인 명제로까지 다양하게 파악되고 있다. (출처 : 사회학사전, 고영복 편, 2000, 사회문화연구소)

리를 만들어 낸다. 반면, 직접 모형을 만들거나 손으로 그리는 행위는 디자이너가 대상 혹은 공간과 촉각적으로 조우할 수 있게 해준다. 상상력이 작동하는 과정에서 대상은 머릿속에 있는 동시에 손으로 잡을 수 있는 것이 되고, 상상하고 투사했던 물리적 이미지는 상상력의 구현을 통해 형태로 빚어지게 된다. 우리는 고안했던 대상의 안과 밖에 동시에 머물게 된다. 창조적인 작업에는 동일시, 공감, 연민이 몸과 정신 모두에서 요구된다. 거울 뉴런 11)에 관한 최근의 연구는 흉내 내기simulation의 복잡한 과정을 이해할 수 있는 토대를 실험적 차원에서 제공하고 있다.5

거주하는 공간 안의 내면성으로 경험을 국한하지 않았을 때, 즉 우리가 세계를 경험하는 과정에서 주변적peripheral이고 초점을 두지 않는 시야unfocused vision가 어떤 역할을 하고 있는가라는 주제 또한 나의 흥미를 일으키는 분야이다. 공간성spatiality, 내면성interiority 그리고 촉감적 성격hapticity을 아우르는 경험에 이르기 위해 주목할 만한 요인 중 하나는 날카롭게 초점이 잡힌 시야를 의도적으로 억제하는 것이다. 하지만 이러한 주제는 건축담론의 장으로 좀처럼 들어오지 못하고 있는데, 이는 건축 이론의 주된 관심이 여전히 초점을 두는 시야focused vison, 의식적인 지향성intentionality, 그리고 투시도법으로 재현된 이미지에 집중되어 있기 때문이다. 무의식과 촉감을 활용하는 형상화imagery와 초점을 두지 않는 주변적인peripheral 12) 시야는 체험에서 가장 본질적인 부분들을 만들어 낸다. 초점을 두는 시야는 우리로 하여금 세계와 맞서게 하

●

11) 관찰 혹은 간접경험만으로도 마치 직접 그 일을 하고 있는 것처럼 반응하는 뉴런. 특히 다양한 차원의 학습과 타인의 의도가 반영되어 있는 행동을 이해하거나 공감하는 과정에 영향을 미치는 것으로 알려져 있다.

12) 여기서 주변적인이란 의미는 시각이라는 측면에 과도하게 편중되지 않는 방식을 의미하는 것으로 본문에는 시각적인 부분에 초점을 둔 관점을 의미하는 focused vision과 대립되는 의미로 사용된다.

지만, 주변적인 시야는 우리를 세상의 살[13]flesh of the world로 감싸준다. 시각이 가지는 헤게모니에 대한 비평도 필요하지만, 우리는 그와 함께 시각sight 그 자체의 가장 중요한 본질과 다양한 감각 영역들의 협력 가능성을 재고해야 한다.

사진으로 찍은 건축 이미지는 형태Gestalt [14]에 초점을 맞춰 시각으로 집중된 그림들을 보여준다. 하지만 건축적 실재성reality은 근본적으로 주체를 공간으로 감싸는 주변적인 시야에 의존한다. 숲을 이루고 있는 컨텍스트와 풍요롭게 만들어진 건축적 공간은 주변적 시야를 통해 비로소 작동하는 자극이다. 그리고 이러한 환경에서 우리는 바로 공간의 가장 중요한 의미를 이해할 수 있게 된다. 실존적 차원에서 보면, 초점을 둔 시야의 영역 바깥에서 경험할 수 있는 전의식(前意識)적 지각의 영역은 시각에 초점을 둔 이미지보다 중요한 것이다. 우리의 지각 및 정신 체계에서 주변적 시야가 더 높은 우선권을 가지고 있다는 의학적 증거가 실제로도 제시되고 있다.[6]

이는 우리시대의 건축과 도시환경이 우리를 쉽게 외부인으로 만드는 이유 중의 하나가 주변적 시야를 드리울 수 있는 장이 빈곤하기 때문이라는 것을 시사한다. 이는 우리가 자연환경이나 역사적 내력을 가진 환경과 나누게 되는 강력하고도 감성적인 관계에 견주어 보면 더욱 더 분명해진다. 무의식적이고 주변적인 지각은 망막에 맺혀 있는 형태gestalt를 공간적이고 몸에 의한 경험들로 변형시킨다. 주변적인 시야는 우리

---

13) 여기서는 메를로-퐁티의 살로 이해하는 것이 타당하다. 메를로-퐁티의 살 개념은 제일장에서 별도의 주석을 통해 상술하였다.

14) 형태주의는 부분 혹은 요소의 의미가 고정되어 있다고 보지 않고 부분들이 모여 이룬 전체에 따라 달라진다고 본다. 전체는 또한 부분에 의해 달라지게 되므로, 형태주의는 전체와 부분의 전체성 혹은 통합성을 강조한다. 1912년 막스 베르트하이머에 의해 이론적 토대가 형성되었다. 구체적으로는 집단화의 원리에 기반을 두는 유사성, 근접성, 폐쇄성, 연속성, 공통성, 간결성, 공동운명의 법칙과, 형상과 배경의 관계(figure & ground)등이 확인되었다.

를 공간과 함께 통합하는 반면, 초점을 두는 시야는 우리를 공간으로부터 밀어내고, 관람자에 머물게 한다.

건축의 이론, 교육, 실습은 기본적으로 형태에 관심을 가져왔다. 그럼에도 우리는 복합적인 주변 환경의 전체적 양태와 그 분위기atmosphere들을 무의식적으로 그리고 초점을 두지 않은 상태에서 인지하고 파악할 수 있는, 정말 놀라운 능력을 가지고 있다. 우리는 어떤 의식적이고 상세한 관측보다 앞서 공간, 장소, 환경의 분위기를 조성하는 특징들을 지각할 수 있다. 분위기를 지각하는 것의 중요성이 명백함에도, 그에 대한 내용은 건축적 담론에 거의 도입되지 않고 있다. 다시 한 번, 신경학 연구들에서 우리의 지각 및 인지cognition 과정들이 전체에 대한 즉각적인 파악에서부터 시작하여 세부사항의 확인으로 진행된다고 주장하고 있음을 밝혀둔다.

『건축과 감각』이후, 15년이 넘는 시간이 흘렀다. 나는 두 권의 책을 통해 지각과 인지, 그리고 의식으로 본질적인 부분이 체화되고 있다는 사실이 도외시되고 있는 상황에 대한 비평적 분석을 확장하였다. 본 저와 마찬가지로 존 와일리 앤 선즈 출판사에서 출간된 책들의 제목은 다음과 같다. 『생각하는 손*The thinking Hand: Existential and Embodied Wisdom in Archtecture*』(Chichester, 2009)와 『체화된 이미지*The Embodied Image: Imagination and Imagery in Architecture*』(Chichester, 2011)

(본 저자 서문은 2011년 9월 20일 워싱턴에서 개정된 내용임)

제 일장

PART
ONE

'손은 보기를 원하고, 눈은 애무를 원한다.'

요한 볼프강 폰 괴테 *Johann Wolfgang von Goethe* 1

'댄서는 발가락에 귀가 있다.'

프리드리히 니체 *Friedrich Nietzche* 2

'만약 우리의 몸을 이해하는 일이 쉬웠다면, 누구도 우리가 마음을 가지고 있다는 생각을 못했을 것이다.'

리처드 로티 *Richard Rorty* 3

'사과의 맛은 [...] 과일 자체가 아닌 과일과 입천장의 접촉에 있다. 비슷한 방법으로 [...] 시는 페이지 위에 인쇄된 줄지어 나열되는 상징들이 아니라 독자들과의 만남을 통해 드러난다. 필수적인 것은 전율*thrill*이라고 하는 미학적 행위로, 이는 읽는 행위와 함께 일어나는 물리적 감정의 대부분을 차지한다.'

호르헤 루이스 보르헤스 *Jorge Luis Borges* 4

'화가나 시인이 그가 세상과 직접 마주하는 것 이상의 무엇을 표현할 수 있단 말인가?'

모리스 메를로-퐁티 *Maurice Merleau-Ponty* 5

시각vision과 지식

서구 문화에서, 역사적으로 시각sight 1)은 가장 숭고한 감각으로 간주되었으며, 사고 자체를 보는 행위의 차원에서 생각하였다. 고대 그리스 사상에서 이미, 확실성은 시각과 가시성의 근거한 개념이었다. '눈은 귀보다 정확한 목격자.' 헤라클레이토스Heraclitus가 그의 단편에서 쓴 표현이다.[6] 플라톤Plato은 시각을 인류에게 주어진 가장 큰 선물로 간주하면서,[7] '마음의 눈'[8]을 통해서만이 윤리적 보편자ethical universals 2)에 접근할 수 있다고 주장했다. 아리스토텔레스Aristotle는 이와 유사하게 시각이 '상대적으로 지식을 얻는 과정이 비물질적이라는 이유로' 지성에 가장 가까운 것이라고 생각했다.[9]

그리스 이래, 모든 시기의 철학적 글쓰기에서 깨끗한 시야와 지식을 유사하다고 보거나 빛을 진리에 대한 은유로 보는 등의, 눈과 관련된 비유들을 풍부하게 발견할 수 있다. 심지어 아퀴나스Aquinas는 시각의 개념을 지식을 인지하는 과정뿐만

●

1) 저자는 시각을 거론하면서 vision과 sight 두 용어를 사용하고 있다. 주로 눈의 보는 능력을 의미할 때 sight를 비교적 낮은 빈도로 사용하고 있으나 엄밀한 구분은 없다. 본 번역본에서는 단어 단독으로 사용되었을 경우에는 모두 시각으로 번역하였으며, 주변적인 시야peripheral vision과 같이 형용사와 어울려 복합명사처럼 쓰이는 경우에 한하여 시야나 시력과 같은 용어로 번역하였다. 이와 별도로 감각기관으로서의 시각을 언급하기 위해 eye를 사용하고 있는데, 이 역시 다소간의 어색함이 있지만 구분을 위하여 '눈'으로 번역하였음을 밝혀둔다.

2) 보편자는 개개의 사물의 이상적 원형으로, 즉 완전하고 영원한 참된 실재(實在)를 말하며 특수자의 상대적인 개념이다. 플라톤은 형상 또는 이데아가 개별 대상들 속에 구현된 것과는 다른 실재적 존재를 갖는다고 주장했다. 그는 이상적 아름다움은 아름답다고 여겨지는 것들 속에 불완전하나마 자신을 드러내기 위한 전제조건으로 존재해야만 한다고 생각했다. 아리스토텔레스는 이보다는 덜 적극적이었다. 그는 형상 또는 보편자는 개별자들 '속에서만' 존재하고 분별된다고 주장했다. 플라톤과 아리스토텔레스는 보편자가 실재한다고 주장한 점에서는 실재론자였지만 그들 사이에는 차이점이 있었다. 후대의 철학자들은 이 차이점을 플라톤에게는 '사물에 앞선 보편자' universalia ante rem, 아리스토텔레스에게는 '사물 속에 있는 보편자' universalia in rem 라는 표현으로 요약했다. (출처 : 교육학 용어사전, 서울대 교육연구소,1995, 하우동설, 한국브리태니커 온라인 보편자 항목)

아니라 다른 감각영역에 까지 적용하고 있다.

시각이 철학에 미친 충격은 페터 슬로터다이크Peter Sloterdijk에 의해 잘 요약된다. 그는 다음과 같이 말했다. '눈은 철학의 유기적 원형prototype이다. 눈의 불가사의한 점은 눈이 볼 수 있는 능력 뿐 아니라 스스로 보고 있다는 것을 '알고 있다'는 점이다. 이러한 사실은 신체에서 인지와 관련된 장기 중에서 눈이 우월적 위치를 점하게 되는 이유가 된다. 사실 상당 부분의 철학적 사고는 안구의 반사작용, 시각사투리eye dialect 3), 자기 자신이 보고 있다는 상황을 보고 있는 것seeing-oneself-seeing에 다름 아니다.' 10 르네상스 때는 신체의 다섯 가지 감각에 위계가 있다고 생각했는데, 시각을 가장 높은 위계에 둔 반면 촉각은 가장 낮은 위상에 머물렀다. 르네상스의 감각 체계는 우주적 실체cosmic body에 관련된 이미지와 연결되어 있었다.4) 시각은 불과 빛에 상호연관성을 가지고 있었고, 청각은 공기에, 후각은 수증기에, 미각은 물에, 촉각은 흙에 각각

●

3) 발음에 신경을 써야하는 연설 등에서 소리 나는 대로 스펠링을 쓰는 것. 조지 크랩(George P. Krapp)이 만든 단어로, 주어진 단어가 실재로 발음되는 것을 함축하기 위한 문학상의 기법을 언급하기 위해 사용되었다. 가령 women을 wimmin으로 발음하도록 적는 것은 등장인물의 전체적인 사투리 구사 및 외국인인지의 여부와 교육정도를 어느 정도 가늠하게 해준다. (출처 : "Eye dialect in Fictional dialogue", Colledge Composition and Communication, vol.25 No.2, pp.191-196 , May 1974, National Council of Teachers of English)

4) 엠페도클레스에 의해 최초로 정리되었고 이후 플라톤과 아리스토텔레스에 정리된 4원소설에서 우주의 모든 물질을 의미하는 표현이다. 엠페도클레스는 물, 공기, 불, 흙이라는 4가지의 '더 이상 쪼개어질 수 없는 단위' 인 요소(element)로 모든 물질이 이루어져 있다고 주장했다. 그의 주장에서 4원소들은 우리가 일상에서 접하는 물, 공기, 불, 흙과는 다르다. 그는 일상생활 속에서 접하는 물, 공기, 불, 흙은 순수한 단일 원소가 아니라 4원소의 상이한 조합으로 만들어진다고 보았다. 아리스토텔레스는 4원소설을 지지하면서 원소의 성질이 촉감(건, 습, 온, 냉)으로 느낄 수 있어야 한다는 부분을 첨가했다. 4원소설은 연금술과 플로지스톤설의 이론적 근거가 되었으며 19세기 초반 보일과 라부아지에의 실험에 의해 틀린 이론으로 판명되기까지 정설로 인정되었다.

5) 본문의 표현은 투시도법상의 재현을 의미하는 perspectival representation이다. 여기서는 투시도법 perspective representation으로 의역하였다.

연결되었다.11

투시도법 5)의 발명으로 인해 눈은 인식을 하는 데 자아의 개념만큼 가장 중요한 위치를 점하게 되었다.6) 투시도법은 스스로 하나의 상징적인 형식으로 변해갔다. 투시도법은 지각을 묘사할 뿐만 아니라 지각의 방식에도 영향을 미치는 것이 되었다.

과학 기술 문화가 좀 더 뚜렷하게 감각들을 정리하고 분리시켜 왔다는 것에는 의심의 여지가 없다. 시각과 청각은 이제 특권을 가진, 사교적인 감각이다. 반면 나머지 감각은 단지 사적인 기능만 수행하는 낡은archaic 잔여물로 간주되고 있으며, 통상적으로 문화적 코드에 의해서도 억제를 받는다. 단지, 음식의 기분좋은 내음, 꽃의 향기 그리고 온도에 대한 반응 정도가 우리의 시각 중심적ocularcentric이고 강박적으로 위생에 신경을 쓰는 문화코드에서 집단의 관심을 끌어내기 위해 허용된다.

시각이 다른 감각 위에서 누리는 우월한 위치는—그리고 그 결과로 나타나는 인식적 편향은—많은 철학자들에 의해 다루어져 왔다. 『모더니티와 시각의 헤게모니*Modernity and the Hegemony of Vision*』라는 제목을 가진 철학 에세이집에서 저자는 '고대 그리스의 시작과 함께 서구 문화는 시각 중심적 패러다임, 즉 시각에 의해서 만들어지고, 시각에 중심을 둔 해석을 지식, 진리, 실재성에 부여하였고, 이에 지배되었다.' 12 라고 주장하였다. 시사하는 바가 많은 이 책은 '시각과 지식, 시각과 존재론, 시각과 권력, 시각과 윤리학 사이의 역사적 관계' 13를 분석하고 있다.

철학자들이 우리가 세계와 관계를 맺는 방식, 그리고 지식에 대한 개념상의 시각 중심적 패러다임—다시 말하면 인식론상에서 시각—이 특권을 가지게 된 것을 폭로해 온 것만큼이나, 우리가 건축 예술을 이해하고 실행하는 과정에서 시각이

•

6) 선투시도법에서 관찰자의 위치와 눈은 같은 것으로 간주하는 것을 의미하기도 한다.

하는 역할을 다른 감각들과 관련하여 비평적으로 점검하는 것 역시 중요하다. 다른 모든 예술과 마찬가지로 건축은 근본적으로 시간과 공간에서 인간 존재의 문제들과 마주한다. 건축은 이 세상 속에서 인간의 존재를 표현하며, 관계 맺는다. 건축은 자아와 세계, 내면성과 외면성, 시간과 지속, 삶과 죽음과 같은 형이상학적 문제들에 깊숙이 관여하고 있다. 여기에 관해 데이빗 하비David Harvey는 다음과 같은 글을 남겼다.7) '미적이고 문화적인 작업의 실행은 시간과 공간의 변화에 이상하리만치 예민하다. 여기엔 정확한 이유가 있다. 그러한 작업들이 인간의 경험적 흐름으로부터 공간을 재현하고 가공물을 만들어 내기 때문이다.' 14 건축은 우리를 시간과 공간에 연계시키는 최우선 수단이고, 건축을 통해 시간과 공간의 차원에 인간적 척도human measure가 주어진다. 무한의 공간과 끝없는 시간은 건축을 통해 견뎌낼 만하고, 거주할 수 있고, 이해할 수 있는 것으로 길들여진다. 공간과 시간의 이러한 상호의존성의 결과로, 외적/내적 공간 그리고 물리적/영적, 물질적/정신적, 무의식적/의식적 기본 사항들이 감각과 관련하여 변증법적 관계를 형성한다. 이러한 변증법적 관계는 대립되는 요인들의 상대적인 역할 및 상호작용과 동반하여 예술과 건축의 본성에 본질적인 충격을 가하게 된다.

데이빗 마이클 레빈David Michael Levin은 다음과 같은 문장으로 눈의 우세함에 대한 비판을 독려하고 있다. '나는 시각의 헤게모니—우리 문화의 시각중심주의ocularcentrism—에 도전하는 것이 적절하다고 생각하고 있다. 오늘날 우리한테 필요한 것은 지배적 위치를 점하고 있는 시각의 특성을 매우 비판적으로 검증하는 것이다. 우리는 일상 속에 내재되어 있는

•

7) 『포스트 모더니티의 조건』, 구동회 박영민 역, 한울, 2009

8) 시각적 존재로서 우리 자신을 이해하는 것이 일종의 환영이나 가공의 산물임을 시사하는 단어 선택이다.

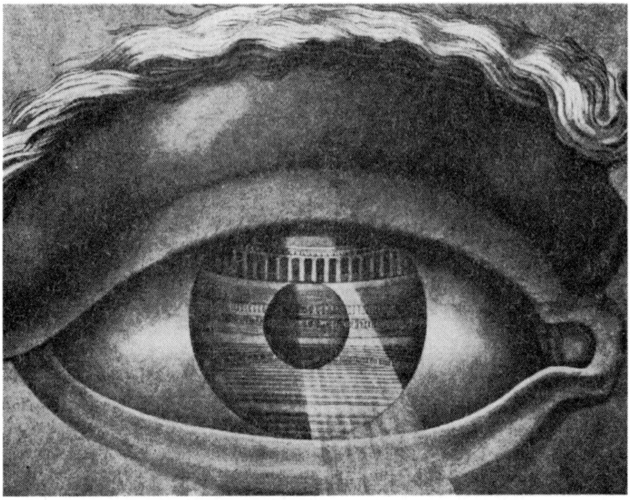

1

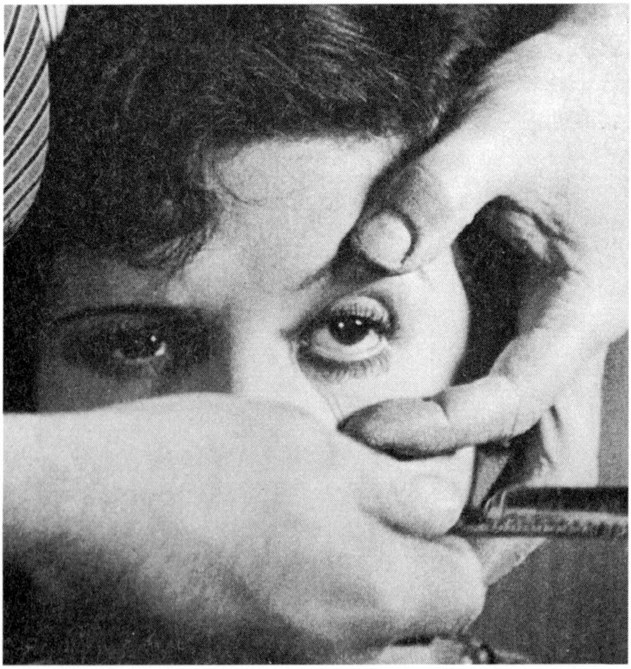

2

시각중심주의와 눈의 침해

1. 건축은 눈에 관한 예술 형식으로 간주되어 왔다
「브장송 극장의 실내를 반사하는 눈 Eye Reflecting the Interior of the Theatre of Besancon」(상세), 클로드 니콜라스 르두 Claude-Nicolas Ledoux의 작업을 기반한 판화 작업. 극장은 1775년에 기공되어 1784년 완공되었다.
2. 시각은 가장 고귀한 감각으로 간주된다. 시각의 상실은 궁극적인 신체의 손실로 간주된다.
「루이 브뉘엘과 살바도르 달리, 안달루시아의 개, Luis Bunuel and Salvador Dali, Un Chien Andalou (Andalusian Dog)」, 1929 여주인공의 눈이 면도날로 베어 내는 충격적인 장면.

보기seeing의 의미를 사회심리 병리학의 차원에서 진단해야 한다. 가공의visonary 8) 존재로서 우리자신을 이해하고 있는 것에 대한 비판이 필요한 것이다.' 15

레빈은 시각의 속성중, 자율성으로 몰아가는 autonomy-drive 9) 특성과 공격성을 지적하면서, 우리의 시각 중심적 문화에 출몰하는 '가부장적 규칙의 유령들' 을 집어낸다.

> 힘에의 의지will to power 10)는 시각에서 대단히 강력하다. 시각은 꽉잡고 고정하려는, 구체화하고 총계하려는 매우 강력한 경향을 가지고 있다. 지배하고, 단단히 고정시키고, 제어하려는 경향은 매우 광범위하게 촉진되

---

9) 여기서 자율성이란 어떤 영역이 다른 것의 수단으로서가 아니라 그 자체에 독립적인 의의와 가치를 가지는 것을 의미한다. 시각 중심주의가 다른 감각과 교류하거나 협력하지 않는 태도를 지적하고 있다.

10) 권력에의 의지로 번역되기도 한다. 간단하게 정의하자면 '주인이 되고자 하고 그 이상이 되고자 하며 더욱 강해지고자 하는 의지작용' 으로 정의할 수 있다. 니체 후기 철학의 중심 개념이자 방법적 원리로 개념적으로는 존재자의 본질 및 존재에 대한 명칭이지만 기존의 변증법적 사고와는 대립되어 생성하는 존재 및 생성하는 존재자에 대한 명칭이다. 여기서는 권력에 접근하거나 스스로 권력이 되고자 하는 시각의 특성을 지적하기 위해 사용되었다.

고 있기 때문에, 결국은 우리의 문화와 그러한 경향에 대한 철학적 담론에 확신에 찬, 반대의 여지를 남기지 않는 헤게모니를 행사한다. 그 불가침의 헤게모니는 우리의 문화 및 사회의 과학기술적 특성의 도구적 이성11)에 일치하여, 현존에 대한 시각 중심적 형이상학을 확립시킨다.[16]

나는 오늘날 일상적 건축에서 발견되는 병리학적 증상의 많은 측면들을 감각의 인식론적 분석을 통해서 어렵지 않게 이해할 수 있을 것이라는 믿음을 가지고 있다. 크게 보면 문화 일반, 구체적으로는 건축에 있어서의 시각적 편향을 비판하는 것으로 그 이해는 깊어질 것이다. 현대의 건축과 도시의 비인간성은 우리의 몸과 감각을 방치한 결과이자, 감각체계의 불균형의 결과로 초래된 것이다. 예를 들어 오늘날 과학기술 사회의 소외와 무관심, 고독감의 증가는 일정 정도 감각에 대한 병적 증상과 연관되어 있다. 이런 현상들이 종종 과학기술적으로 가장 진보한 환경에서 일어나고 있다는 점은 시사 하는 바가 크다. 눈이 우세한 가운데 다른 감각을 억제하는 상황을 통해 우리는 무관심, 소외감, 외면성의 영역으로 밀려 난다. 눈이 중심인 예술은 분명 인상적이고imposing 시사 하는 바가 많은 구조들을 생산해왔지만, 인간이 세계 속에 뿌리 내리는 것rootedness에는 별 도움이 되지 않았다. 모더니즘의 표현양식Modernist idiom이 대체적으로 대중의 취향과 가치지향의 심층에 이르지 못하고 표피에 머물러 있는 상황은 모더니즘이 한쪽으로 치우친 지성과 시각적 편향을 보이고 있기 때문에 발

●

11) 호르크하이머(Max Horkheimer)가 사용한 용어로 특히 『도구적 이성비판』에 상세하게 논의되어 있는 개념. 인간의 해방과 자유를 가져오고 사물의 본질을 인식하는 이성이 이론적인 계산을 토대로 목적에 적합한 수단을 제시하여 인간 및 자연을 지배하기 위해 도구화되어 버린 상태를 가리킨다. 호르크하이머는 그러한 도구적 이성이 나치 또는 산업사회, 관리사회를 합리적으로 지지한 기능을 한 것에 대해 날카롭게 비판하고 있다. (출처 : 21세기 정치학 대사전, 정치학 대사전 편찬위원회, 2010. 한국 사전연구사)

생하는 것이다. 모더니즘의 디자인은 지적 능력과 눈의 능력을 대체적 차원에서 수용하였지만housing, 시각 이외의 감각과 몸은 더 이상 머물 곳이 없는 상태homeless로 남겨져 있다. 기억과 상상력, 그리고 꿈이 그러하듯.

시각중심주의의 비판자들

서구 사상의 시각 중심적 전통과 그 결과인 지식의 관중 이론spectator theory에 대한 우려의 목소리는 역사적 내력이 있는 것으로, 철학자들 사이에서는 예전부터 이에 대한 비판적인 시선이 없지 않았다. 데카르트René Descartes는 시각을 가장 보편적이고 고귀한 감각으로 생각했고, 그 결과 대상을 객관화시키는 그의 철학은 시각에 특별한 권위를 두는 것을 기반으로 하고 있다. 하지만 그는 동시에 시각과 촉각을 동일시했다. 그가 생각하기에 촉각은 '시각에 더욱 보다 확실하고 상대적으로 덜 취약한' 17 감각이었다.

프리드리히 니체Friedrich Nietzsche는 시각적 사고의 권위를 전복시키려 하였다. 시각적 사고가 그의 생각의 일반적인 방침과 충돌하는 것으로 판단했기 때문이다. 그는 많은 철학자들이 '시간과 역사 바깥에 있는 눈' 18 을 당연한 것으로 여기는 것을 비판했다. 심지어 그는 철학자들이 '감각에 대하여 기만적이고 맹목적인 적대감' 19을 가지고 있다는 혐의를 제기했다.12) 막스 셸러Max Scheler는 이러한 태도에 '몸에 대한 혐오' 20 라는 직설적인 명칭을 붙였다.

좀 더 강력하고 효과적인 비판이 20세기 프랑스 지성의 전통으로부터 전개되었다. 마틴 제이Martin Jay는 그의 책 『내리뜬 눈: 이십세기 프랑스 사상에서 시각의 명예훼손 *Downcast Eyes; The Denigration of Vision in Twentieth-Century French Thought*』 21에서 이 부분을 철두철미하게 조사하였다. 저자는 근대의

•

12) 『권력에의 의지』, 강수남 역, 청하, 1988

시각 중심적 문화가 발전되는 과정을 인쇄기의 발명, 인공조명, 사진, 시각시visual poetry 13), 시간에 대한 새로운 경험에 이르는 광대한 영역에 걸쳐 추적하고 있다. 다른 한편으로는 그는 많은 주요 프랑스 저자들—앙리 베르그손Henry Bergson, 조르주 바타유Georges Bataille, 장 폴 사르트르Jean Paul Sartre, 모리스 메를로-퐁티Maurice Merleau-Ponty, 자크 라캉Jacques lacan, 루이 알튀세르Louis Althusser, 기 드보르Guy Debord, 롤랑 바르트Roland Barthes, 자크 데리다Jacques Derrida, 뤼스 이리가레Luce Irigaray, 에마뉘엘 레비나스Emmanuel Levinas 그리고 장 프랑수와 리오타르Jean-François Lyotard가 포함된—의 시각에 반대하는anti-ocular 입장을 분석하고 있다.

사르트르는 시각공포증ocularphobia이라 불러도 좋을 정도로, 공공연하게 시각에 대한 적대감을 드러냈다. 그의 모든 저작에서 '바라보기look' 라는 단어는 7,000번에 걸쳐 언급되고 있다.22 그는 '타자를 객관화시키는 방식의 바라보기, 그리고 마주치는 모든 것을 "돌로 만들어 버리는" "메두사 식의 흘낏 보기Medusa glance" ' 에23 관심을 두고 있었다. 그가 보기엔, 시각중심주의가 인간의 의식에서 더욱 더 큰 힘을 가지게 되면서, 공간이 시간보다 더 중요한 것이 되었다.24 시간과 공간 개념이 뒤집어진 것과 마찬가지로, 상대적 중요성을 뒤집어 이해하게 되는 상황이 물리적, 역사적 프로세스를 이해하는 데 심각한 악영향repercussions을 미치게 되었다. 공간, 시간, 그리고 현재 그들의 상호관계에 대하여 횡행하는prevailing 개념은 건축을 위한 본질적인 패러다임을 형성하였다. 지그프리트 기디온Sigfried Giedion이, 지대한 영향력을 지닌 근대건축의 이데올로기적 역사서술인 『공간 시간 건축*Space, Time and Architecture*』 14)에서 확립했던 것처럼 말이다.25

•

13) 텍스트의 시각적 배열, 이미지, 상징들을 통해 의도를 전달하는 시가 혹은 예술의 형식.

14) 『공간 시간 건축』, 김경준 역, 시공문화사, 2005

모리스 메를로-퐁티는 '데카르트 식의 원근법spectivalist 15] 체제'와 '그것이 세계로부터 완전히 벗어난, 반역사적이고, 무관심하고, 몸에서 분리된 주체를 만들어 내고선, 그 주체에 대한 특권을 행사하는 것'에 대해 끊임없이 비판했다.26 그의 작업은 대체로 지각에 초점이 맞춰져 있으며, 시각에 대한 작업은 특별한 경우에 해당했다. 그러나 데카르트적인 외부관찰자의 눈 대신, 메를로-퐁티의 감각에서 시각은 체화된 성격의 것이었다. 그는 시각을 '세계의 살16] flesh of the world' 27 이 인간화된 부분으로 생각했다. '우리의 몸은 대상들로 둘러싸인 하나의 대상이다. 하지만 몸이라는 대상은 주변의 대상들을 보고 만지는 대상이다.' 28 메를로-퐁티는 자아와 세계 사이의 삼투적osmotic 관계 — 세계와 자아가 서로를 해석하고 규정하는 — 잘 이해하고 있던 사람이다. 그리고 그는 감각들 사이의 동시성simultaneity과 상호작용을 강조하였다. 메를로-퐁티의 다른 언급을 살펴보자. '[그러므로] 나의 지각은 시각적, 촉각적, 청각적으로 주어진 것의 합sum이 아니다. 나는 나의 존재 모두whole being를 이용하여 전체적인 방식으로 지각한다. 나는 사물의 독특한 구조, 독특한 존재방식way of being을 온전히 이해할 수 있다. 대상이 내 모든 감각에 동시적으로

15) perspectivalist라는 단어는 원근법에 집중하는 시선을 강조하기 위한 조어이다. 여기서는 perspectivist에 준해 번역하였다.

16) 불어로는 chair. 메를로-퐁티는 후설의 개념을 기초로 살 존재론을 전개하였다. 후설은 물리적, 생물학적 신체인 körper와 고유한 신체 leib를 구분하면서, Leib를 주체의 신체로, 지각되고, 동감할 수 있는 신체로 규정하였다. 메를로-퐁티는 『지각의 현상학』에서는 "고유한 몸(corps propre)", 『보이는 것과 보이지 않는 것』에서는 살(chair)이라는 용어로 Leib 개념을 자신의 것으로 발전시키고 있다. 살이라는 개념은 사르트르도 사용하고 있는데, 사르트르가 대자와 즉자의 구분방식으로 살을 이해하고 있는 반면, 메를로-퐁티는 이러한 이원론적 구분이 살 존재론으로 극복된다는 것을 보이려 하였다. 그에게 있어 살은 감각적인 것으로 세계의 살과 내 몸의 살이 교류하는 — 얽힘과 교차 — 조건이자 환경이다. 고유한 몸과 살의 결정적 차이는 편재성으로 메를로-퐁티는 살의 편재성을 의미하면서 세계의 살이라는 표현을 쓴다. 이는 일반적이지만 무차별적이지 않은 보편성을 가지고 있는 세계의 속성을 의미한다.

말하고 있기 때문이다.' 29

'마틴 하이데거Martin Heidegger, 미셸 푸코Michel Foucault 그리고 자크 데리다 모두 근대성과 시각에 대한 의견을 공유했다. 그들은 근대성의 사고와 문화가 오랜 시간 계속된 시각의 특권을 지속시켰을 뿐 아니라, 시각의 특권적 지위가 가져온 부정적 경향 역시 심화시켰음을 자신들의 독자적 방법으로 입증했다. 그들은 각각 근대 시기에 이르러 시각의 권세가 그 이전 시기와는 명백하게 다른 것으로 바뀌었다고 생각하였다. 시각의 헤게모니가 우리시대의 과학기술적 발명들에 의해, 또한 이미지들의 끊임없는 생산, 증식multiplication에 의해 다른 양상으로 강화되어 왔다는 것이다. 이탈로 칼비노Italo Calvino는 이를 '멈추지 않는 이미지의 비unending rainfall or images' 라고 지칭했다.30 하이데거는 '근대의 근본적 사건은 세계를 그림으로 정복한 것' 이라고 말했다.31 이 철학자의 추측은 확실히 예상대로 실현되었다. 우리시대의 허구로 조작되고fabricated, 대량으로 생산되고 증식되는 이미지들이 이를 시사한다.

오늘날 눈은 기술적으로 확장되고 강화되어 물질과 공간 깊숙이 뚫고 들어간다. 이를 통해 우리는 지구의 반대쪽 면에서 일어나는 일들을 향해 동시에 시선을 보낼 수 있다. 공간과 시간의 경험들은 속도에 의해 융합되고 있으며, (데이빗 하비는 이를 '시공간 압축time-space compression' 이라고 칭했다 32) 그 결과 우리는 두 차원의 명백한 역전—공간이 시간으로 한정이 되고temporalisation, 시간이 공간화되는—현상을 목격하고 있는 중이다. 경악스러운 속도의 증가에 보조를 맞출 수 있는 감각은 오로지 시각뿐이다. 그러나 눈으로만 이해하는 세계는 우리를 끊임없이 계속되는 현재, 즉 속도와 동시성에 의해 차별성이 없어진flatten 현재에만 머물르게 한다. 하비가 지적했듯 시각적 이미지는 상품commodities이 되었다. '다른 공간들에서부터 쇄도하는 이미지는, 그와 거의 동시에 세계를 텔레비전 상의 연속된 이미지로 붕괴시킨다 [...] 장소와 공간의 이미지는 일반 [상품]처럼 대량생산과 짧은 용도수명을 순순히 받아들이게 되었다.' 33

최근 수십 년간 실제성reality을 구축하는 기존의 방식이 극적으로 파괴되었는데, 재현representation의 위기라는, 의심할 여지가 없는 파국으로 귀결되고 있다. 심지어 이제는 우리시대의 예술이 재현에 대해서, 공황상태에 빠진panicked 히스테리를 보이고 있음을 확인할 수 있다.

자기도취적이고narcissistic 허무주의적인nihilistic 눈

시각의 헤게모니는 처음에는 눈부시게 아름다운 환영glorious visions을 낳았지만, 하이데거의 관점에서 보면, 근대시기에 이르러 점점 허무주의적인 것이 되었다. 허무주의적 눈에 대한 하이데거의 관측은 특히 오늘날 시사 하는 바가 크다. 지난 20년간 여러 나라의 건축 미디어에서 찬양해 마지않던 많은 건축 프로젝트들이 나르시시즘과 허무주의 모두를 드러내고 있다.

헤게모니를 가지게 된 눈이 문화 생산의 전 영역에서 힘을 발휘하고 있다. 그 와중에 우리의 능력 중 세계와 공감하고empathy, 연민하고compassion, 참여하는 능력은 약화되고 있다. 자기도취중에 빠진 눈은 건축을 오직 두 가지 차원, 즉 자기 표현의 수단 내지는, 본질적이고 정신적인 것, 그리해서 사회적 관계들과는 동떨어지게 되어 버린, 지적이고 예술적인 유희의 수단으로만 이해한다. 한편 허무주의적 눈은 고의적으로 감각과 정신의 분리detachment와 소외alienation를 증진시키고 있다. 몸을 중심으로 경험을 통합하고 강화하는 대신, 허무주의적 건축은 세계로부터 몸을 분리하고 고립시킨다. 허무주의적 시선 속에 문화를 구성하는 체제cultural order는 재구축되지 않는다. 그것은 우리가 집합적 의미collective signification를 17) 읽는 것을 불가능 하게 만든다. 이때, 세계는 쾌락주의적인 것으로, 결국 의미 없는 시각적 여정visual journey이 되어 버린다. 오직 시각만이 분리되었을 때 허무주의적 태도를 가능하게 한다. 허무주의적 촉각은 상상하는 것조차 쉽지 않다. 이는 촉각이 가지는 불가피한 성격들인 근접성nearness, 친밀성intimacy, 진실성veracity, 동일시identification 때문이다. 한편 가학적인 눈과 피학적 눈도 존재하는데, 현대 예술과 현대 건축에서 그러한 시선을 위해 고안된 기구들을 확인할 수 있다.

현재 산업적 대량생산에 의해 양산되고 있는 시각 이미지들은, 시각에서 시작된 감정적 개입과 동일시를 분리시키는 경향을 더욱더 강화한다. 이 변화과정에 참여나 초점은 개입될 여지가 없다. 미셸 드 세르토Michel de Certeau는 시각적 영역의 확장을 부정적으로 바라본 사람중 하나이다. '텔레비전으로부터 신문에 이르기까지, 광고에서부터 모든 종류의 상업적 현현mercantile epiphanies에 이르기까지, 우리 사회는 종양과도 같은 시각의 성장으로 특징된다. 보거나 내보일 수 있는 능력으로 모든 것이 재단되고, 소통은 시각적 여정으로 변해간다.' 34 구축적인tectonic 논리나 물질성 및 공감에 대한 감각은 전혀 없는, 표피적인 건축 이미지가 암처럼 번져가는 지금의 상황은 명백히 세르토가 지적한 변화의 한 부분이다.

구강적 공간 대 시각적 공간

그러나 사람이 항상 시각에 지배받아왔던 것은 아니다. 사실 태고적에는 청각이 우월한 위치에 있었다. 그러던 것이 점점 시각으로 대체되어 왔던 것이다. 인류학 문헌을 살펴보면 수많은 문화에서 기본적 감각인 후각, 미각, 촉각을 행위나 소통에 있어 집단적 차원에서 중요하게 사용했음을 알 수 있다. 에드워드 T 홀Edward T Hall은 다양한 문화에서 집단적이고 개인

●

17) 집합적 의미란 몸을 이용한, 모든 감각을 이용하여 만들어지고 이해할 수 있는 다층적이고 복합적인 의미를 말한다.

적인 공간의 활용에 있어 감각이 어떤 역할을 하는지에 대한 문제를 그의 영향력 있는 저작 『숨겨진 차원[18] *The Hidden Dimension*』에서 주요한 과제로 다루고 있지만, 안타깝게도 건축가들은 이 문제가 중요하다는 것을 잊은 모양이다.[35] 사적 공간에 대한 홀의 근접학적proxemic 연구는, 공간과 그의 무의식적인 사용 사이의 관계의 본능적이고 무의식적인 측면을 파고드는 중요한 통찰력을 보여준다. 홀의 통찰력은 친밀한, 바이오컬처[19]의 방식으로 기능하는 공간디자인을 위한 토대를 마련해준다.

월터 J 옹Walter J Ong은 『구술문화와 문자문화*Orality and Literary*』[20]에서 구강문화에서 기록문화로의 이행과 그것이 인간의 의식과 감각에 미친 충격에 관해 분석하고 있다.[36] 그는 '구어oral speech에서 문어written speech로의 이동이 본질적으로는 청각적 공간에서 시각적 공간으로의 변화'[37]라고 지적한다. 또한 그는 '쓰기에 근간을 두고 있는 인쇄기술이 도입되자 사고와 표현의 세계에서 오랫동안 이어지던 청각의 지배권은 시각으로 넘어갔다.'[38] 라고 언급했다. 옹의 관점에서 '이것은 차갑고 비인간적인, 사실들의 세계이다.'[39]

옹은 고대로부터 내려온 구강 문화가 기록문화(결과적으로는 인쇄문화가 되는)로 이동하면서 인간이 공간을 의식하고, 기억하며 이해하는 방식에 초래한 변화들을 분석하였다. 그는 청각에서 시각으로 지배권이 넘어가면서 상황적 사고방

•

18) 『숨겨진 차원』, 최효선 역, 한길사, 2002

19) bioculture : 의학, 사회과학, 공간연구, 문화연구, 생명공학, 신체장애 연구, 인문학, 경제학, 환경학에 대한 내용을 포괄적으로 다루는 학문적 태도. 바이오컬처에서는 행동 및 아이디어의 통합과 같은 작용이 인간적인 부분과 기술적인 부분이 교차할 때 발생한다고 보고 있다. 이 입장을 따르자면, 생물권은 '인간이 자연을 자신에 맞게' 적응시킨 것으로, 바이오컬처는 인간과 기술의 상호 적응을 의미한다. (참조 : 위키피디아. Bioculture 항목 번역)

20) 『구술문화와 문자문화』, 이기우, 임명진 역, 문예출판사, 1995

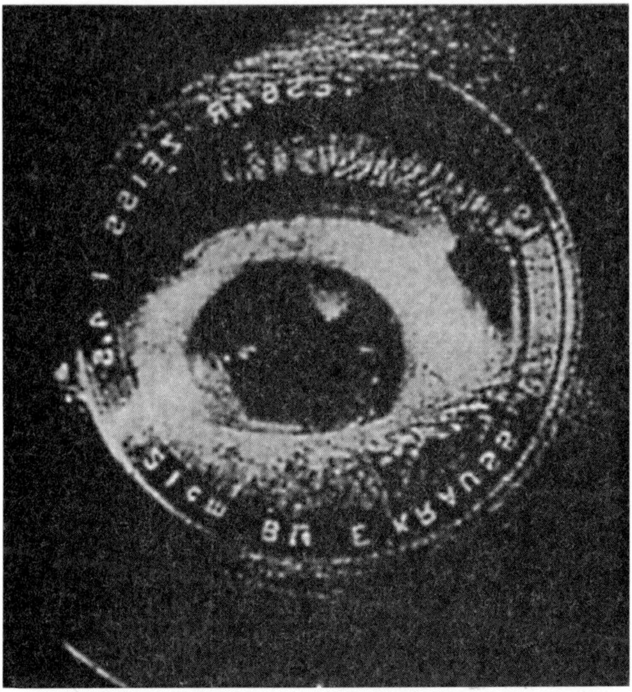

3

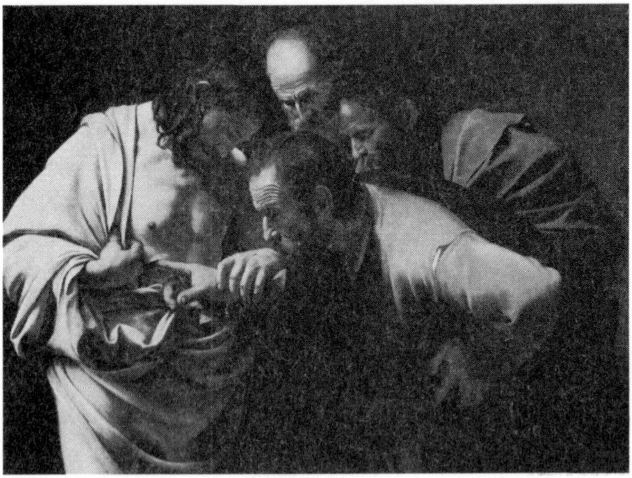

3

눈의 힘과 약점

3. 특히 근대 시기에 이르러, 시각은 다양한 과학기술적 발전에 의해 강화되어 왔다. 우리는 이제 물질의 비밀 과 우주의 광대무변함 모두를 깊숙이 볼 수 있게 되었다.
 카메라의 눈. 지가 베르토프Dziga Vertov의 「영화 카메라를 든 사나이The man with a Movie Camera」의 상세1929
4. 눈에 우선순위를 두고 있음에도, 시각적 관찰은 종종 직접 접촉에 의해 확실해진다.
 카라바조, 「의심하는 토마」 (상세), Carravaggio, The incredulity of Saint Thomas, 1601-1602,
 포츠담, Sanssouci Picture Gallery

식situational thinking이 추상적 사고방식으로 대체되었다고 주장한다. 그는 세계를 지각하고 이해하는 데 이러한 근본적인 변화가 비가역적인 것이라고 생각했다. '말words이 구어에 기반을 두고 있지만, 쓰기는 포학하게tyrannically 말을 시각적 영역에 영구히 가둬놓는다 [...] 어떤 이가 글을 읽고 쓸 줄 알게 되면, 그는 구어문화만을 가진 사람들oral people에게 그 단어가 무엇을 의미하는지에 대한 감각을 완벽히 회복하지는 못하게 된다.'[40]

실제로, 그리스 사상과 광학에 기원을 두고 있긴 하지만 도전받지 않을 정도로 눈의 헤게모니가 확고히 자리잡게 된 것은 상당히 최근에야 일어난 있는 현상이다. 루시앙 페브르Lucien Febvre는 말한다. '16세기에는 보는 것부터 시작하지 않았다. 듣고, 냄새 맡고, 킁킁거리고, 청취하는 것이 먼저였다. 진지하게, 그리고 적극적으로 기하학을 이용하게 된 것은 케플러Kepler (1571-1630)와 데자르그Desargues of Lyon (1593-1662)[21]가 세상의 형태에 관심을 가지게 된, 한참이 지난 시기에서였다. 이때 과학계에서는 시각의 중요성이 촉발되고 있었다. 이제 시각은 아름다움을 판단하는 것뿐만 아니라 물리적 현상을 느끼는 것sensations에 있어서도 중요한 감각이 되었다.' 41 로베르 망드루Robert Mandrou 역시 같은 맥락의 주장을 이어간다. '[감각의] 위계는 [20세기와는] 달랐다. 오늘날에는 지배적인 위치에 있는 눈이, 그 때에는 청각과 촉각 다음의 세 번째 위치에 있었다. 조직화하고, 분류하고, 지시를 내리는 눈은 청각을 우선하던 시기에는 선호되지 않았다.' 42

눈이 가진 헤게모니가 점진적으로 커지면서, 서구에서는 자아 의식ego-consciousness이 성장하고, 자아와 세계의 분리 또한 갈수록 심해졌다. 다른 감각들이 우리를 세계와 결합시키는 반면 시각은 우리를 세계와 분리시킨다.

예술적 표현은 언어로 표현되기 이전의 의미, 즉 지적으로 이해하기 보다는 영적이고incorporate 생명력이 있는lived 의미들에 깊이 관련되어 있다. 시는 우리를 일시적으로 구강 중심의 세계로 되돌려 보내는 능력을 가지고 있다. 다시 입에서 구강언어로 바뀐re-oralised 시의 단어는 우리를 내면적 세계의 한 중심으로 되돌려 놓는다. 시인은 '존재의 경계threshold' 에서뿐만 아니라, 가스통 바슐라르Gaston Bachelard가 언급했듯43, 언어의 경계에서도 이야기한다.[22] 같은 의미에서 예술과 건축 모두에 주어진 공통의 임무는 분화되지 않은 내면세계에 대한 경험을 재구축하는 것이다. 그 세계에서 우리는 그저 관중에 그치지 않는다. 우리는 세계와 분리불가능한 방식으로, 그 안에 속해 있다. 예술 작업에서, 실존적 이해는 세계와의, 그리고 세계-내-존재being-in-the-world와의 직접조우를 통해 일어난다. 이는 개념화되거나conceptualised 지적으로 처리되지

●

21) 프랑스의 수학자. 건축가로도 알려져 있다. 투시화법론(1636)을 저술하여 오늘날의 사영기하학의 기초를 마련했다. 그의 사영방법은 파스칼에게 큰 영향을 미쳐 파스칼의 정리가 탄생하는데 바탕이 되었다. 생존 당시 리옹시청사를 설계했으며, 공학, 기술에 관한 고문도 역임했다.

22) 『공간의 시학』, 곽광수 역, 동문선, 2003

intellectualised 않는 성질의 것이다.

망막의rentinal 건축과 조형성plasticity의 상실

전통문화에서 건축은 시각이나 개념적인 것에 지배되지 않는다. 명백하게, 전통건축은 본질적으로 몸에 대한 암묵적 지혜와 연결되어 있다. 이러한 건축은 몸에 의해서 인도된다. 새가 자신의 몸을 이용하여 움직임으로써 새둥지가 만들어지는 것과 같은 원리이다. 세계 여러 지역에서 확인되는 점토와 진흙으로 만들어지는 토착 건축은 눈보다는 근육이나 접촉과 관련된 감각으로부터 탄생한 것 같다. 심지어 촉각 영역에서부터 형성된 토착 건축이 시각의 제어아래 들어가게 되면서 조형성과 친밀감은 없어졌다. 그리고, 태곳적부터 지속된 문화 환경에 있던 전체적이고 융합적인 특징 또한 사라져 버렸다고 말할 수 있을 것이다.

서구 철학 사상에서 시각이 지배적인 감각이 된 것과 마찬가지로 건축에도 같은 현상이 전개되어 왔다. 그리스 건축은 시각 교정에 공을 많이 들이고 있는데, 이는 눈의 즐거움을 위해 궁극적으로 정제된 시스템이었다. 그러나 시각이 특권을 가진다고 해서 이것이 반드시 다른 감각의 후퇴를 의미하지는 않았다. 그리스 건축에는 엄연히 촉각에 대한 감수성sensibility과 물질성, 그리고 권위 있는 무게감이 있기 때문이다. 시각은 다른 감각의 양상들modalities을 포함할 수도, 심지어 강화할 수도 있다. 특히 시각을 구성하는 무의식적이며 촉각적인 요인이 중요하다. 이들은 이전 시기의 건축에는 뚜렷하게 존재하고 있지만, 우리시대의 건축은 이를 지독히도 방치하고 있다.

서구 건축의 이론은 레온 바티스타 알베르티Leon Battista Alberti 이래로 주로 시각적 지각, 조화, 비례의 문제들에 관여해 왔다. 그는 '회화는 주어진 거리와 고정된 중심, 그리고 빛에 의해 만들어지는 시각 피라미드visual pyramid의 교차에 다름 아니다.' 라고 적었는데, 여기서 언급된 요인들은 회화 및 건축적 사고의 도구가 되었던 투시도법의 패러다임에 대한 틀을 잡아주는 것이었다.44 여기서 다시, 어디서나 시각적 이미지를 볼 수 있는 우리 시대 이전에는, 시각의 메커니즘에 대해서 의식적으로 주목한다고 해서 그것이 곧바로 다른 감각 결정적이고 의도적으로 거부하는 것으로 귀결되지는 않았다는 점을 강조하고 싶다. 하지만, 눈은 건축 업역에서의 헤게모니를 의식, 무의식 양면에 걸쳐 정복하였다. 그와 함께 몸이 없는 관찰자bodiless observer에 대한 생각이 점진적으로 등장하게 된다. 여기서 관찰자는 주변 환경과 맺어왔던 인간적 모습의 관계로부터 분리된다. 관계분리는 시각 이외의 다른 감각을 억제하는 것을 통해 진행되는데, 특히 시각에 관한 과학기술의 발전과 이미지의 급증에 기인한 바가 크다. 맑스 W 바르토프스키Marx W Wartofsky가 주장했듯, '인간의 시각은 그 자체가 인공적 가공물이다. 그것은 다른 가공물들, 다시 말해 그림들에 의해 생산된다.' 45

시각을 가장 지배력 있는 감각으로 보는 태도는 모더니스트들의 글에서 강력하게 형상화되고 있다. 르 꼬르뷔제Le Corbusier의 언급을 살펴보자.23) '나는 삶 속에 존재한다. 오

시각의 억제-시각과 감촉성의 융합

5. 감각적으로 고양된 상태나 깊은 사고 중에는, 시각은 대체로 억압된다.
르네 마그리뜨Rene Magritte, *연인들The Lovers* (상세), 1928
뉴욕, Museum of Modern Art
(라처드 자이슬러Richard S Zeisler 기증)

6. 시각과 촉각을 이용하는 감각은 실제의 체험에서는 융합된다.
헤르베르트 바이어Herbert Bayer, *외로운 대도시Lonely Metropolitan*, (상세), 1932 Buhl Collection

•

23) 『프레시지옹』, 정진국 역, 동녘, 2004. 『건축을 향하여』, 이관석 역, 동녘, 2007

5

6

직 내가 볼 수 있는 한'.46 '나는 부끄러워하지 않는 눈impenitent visual이며 그런 상태인 채로 남아있다. 모든 것은 그 눈 안에 있다' 47 '우리는 이해하기 위해 또렷하게 볼 필요가 있다.' 48 '나는 당신이 눈을 *뜨기*를 촉구한다. 눈을 떴는가? 당신은 눈을 뜨도록 훈련받았는가? 어떻게 눈을 뜨는지는 아는가, 자주, 혹은 언제나 눈을 잘 뜨는가?' 49 '인간은 건축적 창조물을 눈으로 본다. 땅에서부터 5피트 6인치 높이에서' 50 '건축은 조형적인 것이다. 내가 말하는 "조형적" 이라는 것은 눈으로 보이고 측정되는 것이다.' 51–이 초기 근대주의자의 이론에서 눈에 부여된 특권은 매우 뚜렷하다. 발터 그로피우스Walter Gropius는 보다 심화된 선언을 하고 있다.– '그[디자이너]는 광학optics의 과학적 사실에 의거한 지식을 적용하여야 한다. 형체를 만들고, 객관적 토대를 창조할 손을 인도하게 되는 이론적 근거는 그런 식으로 얻어야 한다.' 52, 라슬로 모호이-너지Laszlo Moholy-Nagy도 이에 동참한다. '광학의 위생성이, 건강함을 의미하는 가시성이, 천천히 침투해 간다.' 53 모더니즘적 사고에서 시각은 중심적 역할을 가지고 있었다.

르 꼬르뷔제의 유명한 신조, '건축은 빛 속에서 드러나는 매스의 능수능란하고, 올바르며, 장엄한 운용play이다' 54라는 언급은 의심할 나위 없이 시각 중심의 건축을 규정하고 있다. 그럼에도 르 꼬르뷔제는 손으로 만드는 것에 대한 예술적 재능이 대단했고, 물질성과 조형성, 중력을 다루는 감각 또한 엄청났기 때문에, 그의 건축이 감각적으로 지나치게 단순화되는 환원주의reductivism에 빠지지는 않았다. 르 꼬르뷔제가 행한 데카르트 식의 시각 중심적 찬탄에도 불구하고, 그의 작업에서 손은 눈만큼이나 물신 숭배적인fetishistic 위치에 있다. 르 꼬르뷔제의 스케치와 회화에는 접촉성의 활발한 요소가 현존하고 있으며, 이러한 촉각적 감수성은 그의 건축적 사고로 통합되었다. 하지만 그의 도시 프로젝트에서는 환원주의적 편향이 대단히 파괴적으로 나타나고 있다.

미스 반 데어 로에Mies van der Rohe의 건축에서는 일소점 투시도에 의한 지각이 지배적이다. 그럼에도 그의 시각적 패러다임은 결정적으로 그의 독특한 체제, 구조, 무게, 디테일 그리고 손기술craft에 대한 감각 덕분에 풍요롭게 채워진다. 무릇 건축 작품이란 서로 대립하고 상충하는 의도들이, 그에 따르는 암시와 잘 융합되었을 때에서야 위대해진다. 의식적인 의도들과 무의식적인 흐름들 사이의 긴장감이 관측자의 감성적 참여를 위해 반드시 필요하다. 알바 알토Alvar Aalto는 '어떠한 경우에도 우리는 대척점에 있는 문제에 대해 동시적인 해결을 달성해야한다.' 55는 말을 남겼다. 그렇다 해도 예술가와 건축가들의 서술을 액면 그대로 받아들여서는 안 된다. 그들의 서술이 종종 의식적으로 외견상의 합리화 혹은 날카로운 반론—작업에 진짜 생명력을 부여하는 무의식적 의도들을 지적하는—에 잘 대응할 방어 장치에 그치기 때문이다.

건축과 마찬가지로, 시각적 패러다임은 도시 계획에서도 지배적인 것이 되었다. 르네상스의 이상도시계획안idealised town plans에서부터 기능주의적 조닝과 계획 원칙에 이르기까지 '광학의 위생성' 은 도처에 반영되어 있다. 특히 현대 도시는 점점 더 눈을 위한 도시가 되어가고, 엔진으로 가능해진 급속한 움직임이나 항측 사진의 전체성으로 인해, 우리의 몸은 점점 더 도시와 분리되고 있다. 계획의 프로세스는 우리를 통제하고 도시로부터 분리시키는, 데카르트식의 이상화되고 실체화되지 않는 시각을 선호해왔다. 도시 계획은 장 스타로뱅스키Jean Starobinski가 정의하듯56, 하늘「위에서 내려다본 시선*le regard surplombant*」을 통해 보이는—플라톤 식으로 하자면 '마음의 눈the mind's eye' 을 통해서—대단히 이상화되고 도식화된 시각적 작업이 되었다.

최근까지, 건축적 이론과 비평은 대부분 배타적으로 시각의 매커니즘과 시각적 표현에만 관심을 가져왔다. 건축적 형태의 지각과 경험은 대부분 시지각에 대한 형태주의gestalt 법칙들을 통해 분석되었다. 건축교육의 철학 역시 기본적으로는 건축을 시각의 견지에서 이해했다. 그 결과 삼차원상의 이미지를 공간에 구축하는 것이 더 없이 강조되었다.

시각적 이미지의 건축

시각적 편향은 지난 반세기 동안 건축 예술에서 더할 나위 없이 분명해졌다. 이제 눈에 띄고 기억에 남을 이미지에 집중하는 건축은 하나의 유형처럼 위세를 떨치고 있다. 실존에 근거를 두고 있는 조형적이고 공간적인 경험 대신, 건축은 광고에 사용되는 심리학적 전략을 즉각적 설득과 함께 적용하였다. 건물은 경험적 깊이와 정직성과 분리된 이미지적 대량생산품이 되었다.

데이빗 하비는 현대의 특징으로 '일시성temporality의 상실과 즉각적인 충격instantaneous impact의 추구를' 지적하고, 이것의 원인을 실존적 깊이의 상실과 연관 짓는다.57 프레드릭 제임슨Fredric Jameson은 '작위적인 깊이 없음contrived depthlessness' 이라는 개념을 사용하여 '현대의 문화적 상황이, 시간이 지남에 따라 힘을 잃게 되는 외형과 표피, 즉각적 충격에 의해 고착되고 있음' 을 묘사하고 있다.58

이미지 폭주의 결과로, 우리시대의 건축은 이제 단순히 망막에만 의존하는 예술처럼 보인다. 그리스 철학과 건축에서 시작되었던 인식론의 순환은 완결되었다. 그러나 단지 시각이 더 큰 힘을 가지게 되는 것에 그치지 않는 변화가 일어나고 있다. 더 이상 건축은 상황적이며 몸으로 직접 느끼는 만남이 아니다. 이제 건축은 급히 돌아가는 카메라의 눈에 고정되어 인쇄되는 이미지 예술이 되었다. 우리의 사진문화에서는 시선gaze 그자체가 그림 내부로 눌려 들어가고, 스스로의 조형성을 잃고 만다. 세계 안에서 우리의 존재를 경험하는 것 대신, 우리는 세계의 바깥에서 망막 위에 맺힌 이미지를 보는 관중의 위치에서 세계를 대하고 있는 것이다. 데이빗 마이클 레빈은 '정면적 존재론frontal ontology' 라는 용어를 사용하여 현재 지배적인, 정면에 국한되고 고착되어 있으며 초점을 두고 있는 시야를 묘사하고 있다.59

수전 손택Susan Sontag은 우리가 세계를 지각하는 과정에서 사진 이미지가 어떤 역할을 하는지에 대한 통찰력 있는 발언들을 꾸준히 남겼다. 그녀는 '세계를 일련의 잠재적인potential 24) 사진들로 보려는 사고방식' 60에 관해 기술하면서, '카메라가 우리한테 보여주는 것들이 점점 더 실재처럼 보이게 되었고' 61, '어디에나 사진이 걸려 있게 되면서 우리의 윤리적 감수성에 헤아릴 수 없는 영향을 미치게 되었다. 현재도 이미 과잉된 세계에 복제된 이미지들을 채워 넣으면서, 사진은 우리로 하여금 세계가 그것의 실제보다 더 이용할 여지가 있다고 느끼게 만든다.' 62라고 주장한다.

건물이 조형성을 잃고, 몸을 이용한 언어 및 지혜와 분리되면서, 건물은 차갑고 멀리 떨어져 있는 시각의 영역에 고립되었다. 인간의 몸—특히 인간의 손—을 위해 만들어진 접촉성과 치수, 디테일들의 상실과 함께, 건축적 구조는 혐오스러울 정도로 밋밋하고, 날카로운 모서리를 가진 비물질적이고 비실재적인 것이 되었다. 더 나아가 구축이 물질과 공예의 실재성과 분리되면서, 건축은 눈을 위한 무대장치로, 즉 물질과 건축의 진실성이라고는 찾아볼 수 없는 원근도법scenography으로 변했다. 현존의 권위이자, 발터 벤야민Walter Benjamin이 진품의 예술에 필수적인 가치로 생각했던 '아우라' 의 감각은 이제 더 이상 찾아볼 수 없다. 이렇게 건축은 도구화된 기술 생산품이 되어, 건축자체의 프로세스를 숨긴 채, 허깨비 혹은 유령같이 변하고 있다. 반사유리 사용의 증가는 건축에서 비실재성

---

24) 잠재성은 현실성(actuality)와 대응하여 아직 현실화되지 않은 것을 의미한다. 반면 가능성virtuality는 실재성(reality)와 연관성을 가진 개념이다. 현실성이 개별성과 차별성에 의해 형성된다면, 실재성은 유사성과 반복성에 의해 만들어진다.

과 소외와 같은 몽환적인 감각을 강화한다. 모순적이게도 이러한 건물들의 투명성은 불투명하다. 이러한 불투명한 투명성opaque transparency의 건물은 그것을 바라보는 시선을 무정하고 무감동한 태도로 튕겨내기 때문이다. 우리는 반사유리 벽 너머의 삶을 보거나 상상할 수 없다. 우리의 시선을 튕겨내고 세상을 복제한다는 점에서 건축적으로 거울과 다를 것 없는 이것은, 이제 수수께끼 같고, 무서운 도구가 되었다.

물질성과 시간

현대 건축의 기준이 되는 밋밋함은 물질성에 대한 감각이 약해지면서 더욱 심화되고 있다. 자연의 재료—돌, 벽돌, 나무—는 우리의 시각이 그들의 표피를 뚫고 들어가 물질의 진실성을 신뢰할 수 있게 한다. 자연의 재료들은 그들의 나이를 보여준다. 뿐만 아니라 그들의 기원에 대한 이야기나 그들이 사람들에게 어떻게 쓰였는지의 역사도 표현한다. 모든 물질은 시간 연속체 안에 존재한다. 오랜 기간의 사용으로 나타나는 고색patina은 건축의 재료에 시간의 경험이 풍부하게 덧입혀진 상태를 의미한다. 그러나 오늘날 기계생산에 의한 재료들—스케일 없는 유리판, 에나멜을 씌운 금속 그리고 합성 플라스틱—은 그들의 재료적 본질이나 나이를 우리에게 전해주지 않는다. 그 재료는 단지 불굴의, 불변하는 표면을 우리 눈에 맺히게 할 뿐이다. 일반적으로 이런 과학기술적 시기의 건물은 낡지 않은 완벽함ageless perfection이라는 개념을 의도적으로 추구한다. 그것들은 시간의 차원을 포함하지 않으며, 피할 수도 없고 정신적으로도 중요한 낡음aging을 거부한다. 낡고 오래된 것이 되는 것에 대한 공포감은 우리가 죽음을 두려워하는 것과 관련이 있다.

투명성, 무중력의 느낌, 부유감은 근대 예술과 건축이 추구한 주요 주제였다. 최근 수십 년 동안, 반사, 투명성의 그러데이션, 중첩overlay 그리고 병치juxtaposition와 같은 방법을 적용한 새로운 건축 이미지들이 등장하여, 빛과 움직임의 미묘한 변화감, 더 나아가 공간적 두께감을 표현하고자 하였다. 이러한 새로운 감수성으로 인해, 비물질적이고, 중력이 느껴지지 않는 과학기술적 건축 경향이 긍정적인 공간 및 장소 그리고 의미의 경험으로 바뀔 수 있는 단초가 마련되고 있다. 오늘날 시간 경험의 강도가 약해지고 있는 상황은 정신적으로 대단히 파괴적인 효과로 이어지고 있다. 미국의 테라피스트 가타드 부스Gotthard Booth는 '개인적 삶을 대신하는 많은 과정들을 같이 하는 것보다 인간에게 더 충만한 만족감을 주는 것은 없다.' 고 말했다.63 우리가 시간의 연속성에 뿌리박고 있으며, 건축의 임무가 이러한 경험을 인간이 스스로 만든 세계에서 가능하게 하는데 있다는 것을 정신적 차원에서 온전하게 이해하여야 한다. 건축은 무한의 공간을 길들이고 우리로 하여금 거주하게 한다. 동시에 건축은 끝없는 시간을 담아내고 우리가 시간 연속체에 살도록 해야 한다.

최근 건축에서 지적이고 개념적 차원에 대한 강조는 분명 과도한 측면이 있다. 이로 인해 건축의 물리적이고 관능적이고 실체화된 본질이 사라지고 있는 것이다. 아방가르드로 자리를 잡은 현대 건축은 점점 더 건축담론 그 자체에 빠져, 인간의 실존적 질문에 대답하기보다는 예술의 새로운 영역을 탐지하는데 관심을 집중하고 있다. 환원주의적인 초점은 건축에 자폐증을 일으키고, 더 이상 우리가 공유했던 실존적 실재성에 근거하지 않는, 내향적이고 자체적인 담론을 만들었다.

건축으로부터 범위를 넓혀 현대 문화를 봐도 대체적으로 거리두기distancing, 즉 인간이 실제성과 맺는 관계에서 육욕과 성적 자극을 제거한 상태로 흘러가고 있다. 회화나 조각에서조차 관능성이 사라지고 있다. 현대 예술 작업은 감각적인 친밀감을 불러일으키지 않는다. 그러기는커녕 감각적 호기심과 즐거움에 거리를 두면서 거부 신호를 보내고 있다. 이러한 작업들은 지성과 개념화능력conceptualising capacity에 호소할 뿐

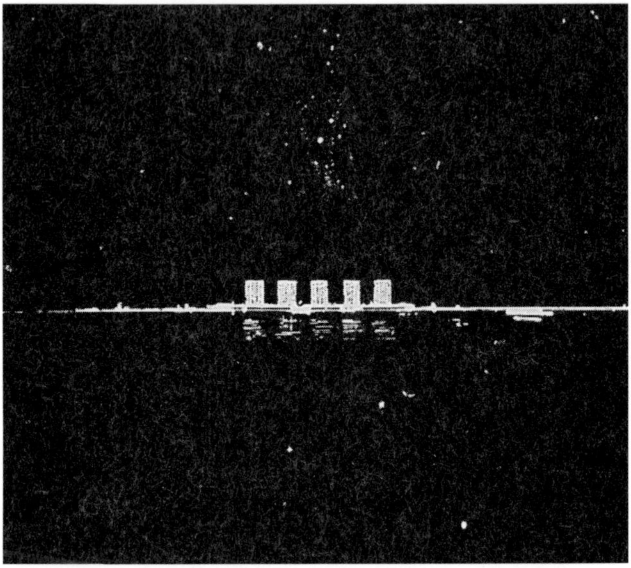

눈의 도시-촉각의 도시

7. 현대의 도시는 눈의 도시이다. 거리두기와 외면성의 도시.
르 꼬르뷔제의 부에노스아이레스를 위한 스카이라인 제안
-1929년 부에노스아이레스 강연에서 그린 스케치

8. 촉각적 도시는 내면성과 근접성의 도시이다.
스페인 남부도시 카사레스의 구릉마을 사진: 유하니 팔라스마

감각이나 분화 이전의, 체화된 반응에는 말을 걸지 않는다. 연관성 없는 이미지들의 폭격은 끝이 없지만, 그럴 때마다 이미지로부터 감성은 사라진다. 이미지는 지루함을 늦추기 위해 끊임없이 제공되는 상품으로 전환되었다. 문제는 이 과정에서 인간이 다시 상품화된다는 것이다. 인간은 그들 자신의 실존적 실재성을 마주할 용기도, 가능성도 상실한 채, 스스로를 무심하게 소비하고 있다. 우리는 지금 가공된 망상 세계에 살도록 강요받고 있다.

하지만 나의 생각은 한스 제들마이어Hans Sedlmayr의, 시사하는 바가 많긴 하지만 읽다보면 마음이 불편해지는, 『중심의 상실*Art in Crisis*』25)과 같은 입장에서 보수적으로 현대예술을 보고자 함은 아니다.64 나는 단지 뚜렷한 변화가 우리의 감각적, 지각적 경험에 일어났으며, 이것이 우리의 예술과 건축에 반영되고 있다는 것을 주장하려는 것 뿐이다. 만약 건축이 실존적 의미의 부식을 강화하고 있는 작금의 상황으로부터 돌아서서, 우리를 해방하고 치유하는 역할을 해내기 바란다면, 당대의 문화적, 정신적 실재성과 관련되어 있는 다양하고도 비밀스러운 방법들이 건축이라는 예술형식에 반영되어야만 한다. 우리는 건축의 실행가능성을 위협하고 하찮은 것으로 만

●
25) 『중심의 상실』, 박래경 역, 문예출판사, 2002

들고 있는 상황이 현재, 정치적, 문화적, 경제적, 인지적, 인식적으로 엄연함을 알고 있어야 한다. 지금 건축은 위기에 처한 예술형식이다.

알베르티 창Alberti's Window의 거부

물론, 눈 그 자체가 르네상스의 투시도법 이론에서와 같이 고정된 자리에서 한쪽 눈으로만 보는 체제를 구축하는 데 그치기만 한 것은 아니었다.26) 헤게모니를 가지게 된 눈에 대해서 시지각과 표현을 위한 새로운 장이 마련되고 있었다. 히로니뮈스 보스Hieronymus Bosch와 피테르 브뢰헬pieter bruegel의 회화27)를 보면 그림 안으로 참여하는 시선participatory eye을 끌어 들여, 눈이 다양한 사건들이 벌어지는 장면들을 훑고 지나

건축과 인간의 형상figure

9. 우리는 건물을 우리의 몸과 닮은 것analogue으로 이해하려는 경향이 있다. 반대도 그러하듯.
아테네 아크로폴리스, 에렉테이온 신전의 여신주(女身柱), 421-405 BC
런던, 대영박물관 소장 이미지

10. 고대 이집트 왕조 이래로, 인간의 몸을 사용한 측정방법이 건축에서 사용되었다. 인간중심주의의 전통은 근대에 이르러 거의 완전하게 잊혀졌다.
아울리스 블롬스테트Aulis Blomstedt의 건축비례 체계 연구.
180cm의 신장을 기준으로 피타고라스 세분에 근거하여 작성되었다(1960년대 초 추정).

•

26) 기본적인 선투시도 법에서 관찰자의 위치는 한쪽 눈의 평면과 입면 상 위치로 대체된다.

27) 두 화가 모두 넓고 깊은 시선과 많은 등장인물들의 다양한 대응과 활동을 묘사하는 회화작업을 많이 남겼다. 특히 피테르 브뢰헬은 농부의 일상적 삶과 같은 비 종교적 주제를 통해 그림의 등장인물들이 한 사건에 집중하는 극적인 장면을 묘사하기보다는 백과사전식으로 인간군상의 다양한 양상을 한 그림 안에 표현하는 작품을 다수 남겼다.

9

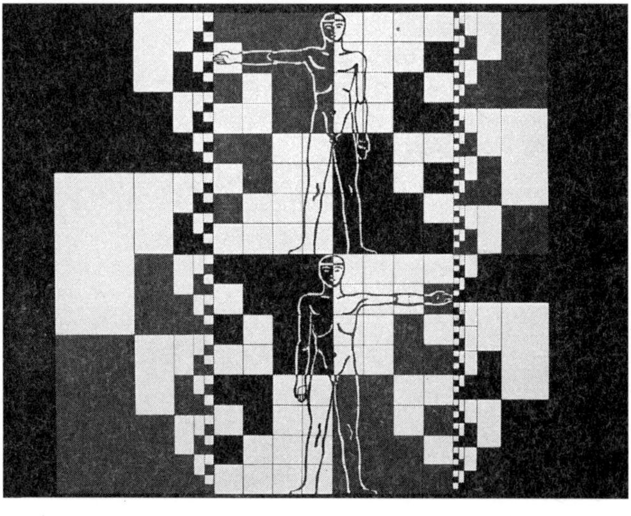

10

가게 한다는 것을 알 수 있다. 17세기 부르주아의 삶을 그린 네덜란드 회화는 알베르티 창 너머로 확장된 일상적 장면과 물건들을 그리고 있다. 바로크 회화 역시 흐릿한 경계, 소프트 포커스, 복수시점multiple perspectives을 가진 시선을 도입하면서, 촉감적인 요소를 적용하고 있다. 이를 통해 바로크 회화는 더 분명히 우리를 초대하고, 우리의 몸이 환상의 공간을 여행하도록 유도한다.

데카르트 식 투시도법에 의존하여 대상을 인식하는 것으로부터 눈을 해방시키는 것. 이것이 근대성으로 진화하기 위한 필수 공정essential line이다. 윌리엄 터너Joseph Mallord William Turner는 바로크에서부터 시작된 이 작업을 이어나갔다. 그의 작품에서 픽처 프레임과 관점vantage point은 지속적으로 제거되고 있다. 인상주의 화가들은 경계선의 설정과 균형 잡힌 프레임, 투시도적 깊이감과 같은 개념들을 폐기했다. 일례로 폴 세잔Paul Cezanne은 '세계가 우리를 만지는 방식을 시각화' 65하기를 갈망했다. 입체파 회화 역시 단일 초점을 폐기하면서, 반응적이며 주변적인 시야와 촉각에 의한 경험을 강화했다. 이처럼 다채로운 경향의 화가들이, 투시도법에 의한, 실제가 아닌 가상의 깊이를 거부하였다. 대신 그들은 인간적 산물의 상징으로서, 그리고 자율적 실재성으로서 회화 그 자체의 존재 가치를 전면에 내세웠다. 대지미술가들은 우리가 살고 있는 세계와 그들 작업 각각의 실재성을 융합하면서, 수평성과 수직성, 물질성, 중력 그리고 무게, 경험의 지평과 같은 문제를 다룬다. 결국, 리처드 세라와 같은 일부 대지미술 작가들은, 이러한 주제들을 감각하는 매개체이자 도구인 우리의 몸을 직접적인 작업 대상으로 삼는다.

문화적으로 시각의 특권이 확고해지는 것만큼, 그만큼의 반대 흐름이 근대건축에서 형성되었다. 프랭크 로이드 라이트Frank Lloyd Wright의 근(筋)감각적이고kinaesthetic, 질감 있는textural 건축, 근육과 촉감을 이용하는 알바 알토의 건물들, 루이스 칸의 진지gravitas 하고 기하학적 구성을 가지고 있는 건축은 이에 대한 매우 중요한 사례들이다.

새로운 시각 그리고 감각의 균형

눈으로부터 자신에게 내포되어 있던 통제욕과 권력욕을 제거한 것. 아마도, 이것이 우리 시대 시각과 사고의 새로운 영역을 다시 열어젖힐, 초점을 두지 않은 시야unfocused vision에 대한 정확한 설명일 것이다. 초점의 상실은 이미지들의 연속된 흐름에 의해 야기되었는데, 이로 인해 눈이 가부장적 권위에서부터 해방되고, 참여적이고 동감할 수 있는 시선이 형성되었다. 과학기술적 발전이 이뤄낸 감각의 확장은, 지금까지는 기본적으로 시각을 강화하는 것들이었다. 하지만 새로운 기술들은 '몸으로 하여금 [...] 인간의 모습을 하지 않은 데카르트적 관중의 무관심한 시선을 권좌에서 축출' 66하는 데 도움이 될 수도 있을 것이다.

마틴 제이는 바로크의 다음과 같은 속성에 주목했다. '르네상스적 형태—명료하고, 1차적이고, 단단하고, 고정되었으며, 기계적으로 면적을 구하는 것이 가능하고planimetric, 폐쇄적인 성격—에 대한 반대 입장에서 [...] 바로크는 화가 특유의, 확정을 유보하고recessional, 소프트포커스를 적용하며, 다층적이고, 열려있는 모습을 보인다.' 67 그는 또한 이렇게도 주장한다. '바로크의 시각적 경험은 촉각을 이용하거나 촉감에 관련된 강력한 특징을 가지고 있다. 이는 라이벌이라고 할 수 있는 데카르트 식 투시도법의 절대적 시각중심주의로 변질되는 것을 막아준다.' 68

촉감적 경험은 근대의 시각이미지에서도 그 시각체계를 관통하며 구현될 수 있다. 근대의 시각 이미지 역시 촉감을 이용하는 부분이 분명 존재하기 때문이다. 예를 들어 뮤직 비디오나 켜켜이 놓인 현대 도시에 대한 슬라이드를 보면서, 이미지의 흐름을 중지시킨다고 해서 분석적 관측이 가능한 것은 아니다. 수영하는 사람이 물의 흐름을 자신의 피부로 감지하듯, 이미지의 흐름은 강화된 촉감적 감각으로서 이해하여야만 진정한 가치를 알 수 있다.

데이빗 마이클 레빈은, 철두철미하고 많은 생각을 하게하는 책, 『시각의 시작*The Opening of Vision: Nihilism and the Postmodern Situation*』에서 시각의 방식을 '주장적(主張的)28) 시선assertoric gaze'과 '진리적(眞理的) 시선aletheic gaze' 69으로 구분한다. 그의 입장에서 보면 주장적 시선은 편협하고 narrow, 독단적이고dogmatic, 비관용적intolerant이고, 경직되었고rigid, 고착되었으며fixed, 유연성이 없고inflexible, 배타적exclusive이며, 아무런 감정도 일으키지 못하는unmoved 것이다. 반면 진리적 시선은 진리에 대한 해석학적 이론화를 의미하는 aletheic이라는 표현과 연관이 되어 있다. 이로 인해, 진리적 시선은 다양한 입장standpoint과 조망perspective으로부터 대상을 보려는 경향을 가지고 있으며, 다층적multiple이고, 다원론적 pluralistic이고, 민주적democratic이며, 맥락적contextual이고, 포괄적inclusionary이고, 수평적이고, 보살피는 성격을 보인다.70 레빈이 주장하듯, 새로운 바라보기의 방식이 등장하고 있음을 알리는 징후들이 발견되고 있는 것이다.

새로운 과학기술들이 시각의 헤게모니를 지속적으로 강화했음에도, 신기술들이 감각의 영역에서 다시 균형을 잡는데 도움이 될 수 있는 것도 사실이다. 월터 옹의 관점에서 보면 '전화, 라디오, 텔레비전, 그리고 다양한 종류의 오디오 테이프, 전기 기술이 우리를 "제2 구강성secondary orality"의 시기로

---

28) assertoric은 실제로 발생한 사실을 말하는 것을 의미한다. 아리스토텔레스의 논리에서 삼단논법의 기본이 되는 정언삼단논법에서의 정언(正言)을 의미하기도 한다. 정언명제(categorical proposition)는 4가지의 정언형식(categrocal form)을 통해 제1격(figure)의 정언삼단논법을 구성하게 된다. 아리스토텔레스는 정언명제를 통한 제1격을 으뜸으로 생각하였고, 이외에 필연과 가능성을 명제에 포함시킨 가설적(hypothetical) 삼단논법의 논증방식도 언급하고 있다.

인도했다. 이 새로운 구강성은 참여를 이끌어내는 신비로운 능력participatory mystique과 집단적인 감각communal sense을 고양하는 능력에서, 그리고 현재 상황에 집중하는 특성에서 놀랍도록 기존의 구강성과 닮아 있다.' 71

'서구인은 방치된 감각들을 발견하기 시작했다. 무시해온 감각들을 재발견해야 된다는 인식은 점차 확대되고 있다. 이는 과학기술 중심으로 재편된 세계에서 감각적 경험의 박탈이 고통스럽게 진행되었고, 이제 한참 늦긴 했지만 저항과 반란이 일어나고 있음을 대변한다.' 72 인류학자 애슐리 몬터규의 주장이다. 그는 새로운 흐름을 잘 알고 있었던 것이다. 오늘날 세계의 수많은 건축가들이 이러한 새로운 인식을 강력하게 실제 그들의 작업에 반영하고 있다. 이들은 물질성과 촉감성의 감각, 질감과 무게, 공간의 밀도와 물성을 가진 빛materialised light을 강화시킴으로써, 관능과 육감이 건축에 다시금 깃들게 하려는 시도를 진행 중이다.

제 이장

PART *TWO*

일장에서 보듯, 서구 사상에서 시각이 다른 감각 위에서 특권을 누리게 되었다는 주제는 논쟁의 여지가 없다. 동시에 이는 우리 세기의 건축에 명백한 편향이 존재함을 의미하기도 한다. 현대건축이 이렇게 부정적인 방향으로 전개된 이유는 과학기술적 합리성 그 자체의 추상화, 보편화 경향 때문이기도 하지만, 관리, 조직, 대량생산의 패턴과 이것이 만들어 내는 힘들이 시각적으로 편향된 건축을 강력히 지지했기 때문이기도 하다. 하지만 감각 영역 차원으로 보아도 마찬가지로 부정적일 수 밖에 없는 이러한 전개상황은 시각의 특권을 강화되어온 역사를 앞으로도 연장하거나, 권한강화에 직접적으로 기여를 하기는 어려울 듯싶다. 시각을 우리의 가장 중요한 감각으로 지각하는 것에는 생리학적, 지각적, 심리학적으로 매우 훌륭한 근거들이 있으며 이를 부정하려는 것은 아니다.[73] 문제는 시각을 다른 감각들과의 자연스러운 상호작용으로부터 고립시키는 것으로부터 제기된다. 다른 감각을 제거하거나 억제하면서, 세계에 대한 경험은 점차적으로 시각 영역에 국한된 것으로 축소, 제한된다. 이러한 분리와 감소로 인해 지각체계에 있었던 내적인 복합성과 포괄성, 그리고 조형성이 산산조각나면서, 분리detachment와 외부화alienation의 감각은 늘어만 간다.

제 이장에서는, 감각들 사이의 상호작용을 조사하고, 감각 영역에 관한 몇몇 개인적인 단상을 건축의 표현 및 경험 차원에서 제공할 것이다. 나는 이 에세이를 통해 감각적 건축을 선언하고자 한다. 짓기라는 예술행위를 시각적으로만 이해하려 하는 흐름이 횡행하는 가운데, 나의 선언은 그 대척점에 위치한다.

경험 한 가운데 있는 몸

나는 몸을 이용하여 도시와 마주한다. 나의 다리는 아케이드의 길이와 광장의 너비를 가늠한다. 나의 시선은 무의식적으로 내 몸을 대성당의 파사드 앞으로 투사한 다음, 몰딩과 윤곽을 배회하며 후퇴된 곳과 돌출된 곳을 감지한다. 나의 체중 body weight은 대성당 문의 질량mass에 닿게 되고, 문 뒤쪽의 어둡고 빈 공간을 들어갈 때, 나의 손은 문손잡이를 쥐어 잡는다. 나는 도시 안에서 나 자신을 경험하고, 도시는 내 안에서 체화된 경험을 통해 존재하게 된다. 도시와 내 몸은 상대에게 부족한 것을 채워주고, 서로를 규정한다. 나는 도시 안에, 도시는 내 안에 거주한다.

메를로-퐁티의 철학은 인간의 몸을 경험적 세계의 중심에 둔다. 리처드 커니Richard Kearney가 요약했듯, 메를로-퐁티는 '우리의 몸을 통해서, 즉 지향성intentionality의 [...] 살아있는 중심인 우리의 몸을 매개로 하여 우리는 세계를, 세계는 우리를 선택하게 되는 것' 74라고 끊임없이 주장했다. 메를로-퐁티 스스로도 다음과 같이 말했다. '심장이 유기체 안에 있듯, 우리의 몸은 세계 안에 있다. 우리의 몸은 눈에 보이는 광경을 끊임없이 살아있게 하고, 그 광경에 생명력을 불어넣고 마음속에서 살아가게 한다. 몸을 통해 하나의 체계가 형성되는 것이다.' 75 그리고, '하나의 감각에 의존하는 경험은 자연스러운 지각에 비하면 불안정하고 이질적인 성격의 것이다. 몸 전체를 사용하여 동시적으로 경험해야 자연스러운 지각을 얻게 되는 데, 이러한 지각은 상호작용하는 감각의 세계 위에서 시작할 수 있다.' 76

감각적 경험들은 몸을 통해 통합되며, 그제야 비로소 몸의 구성constitution과 인간의 존재방식 안에 머물게 된다. 정신분석 이론에서는 통합의 중심으로 신체상body image 이나 신체도식body schema과 같은 개념을 도입하고 있다. 우리의 몸과 몸의 움직임은 주변 환경과 끊임없이 상호작용을 하고 있다. 세계와 자아가 서로가 서로를 알리고 재규정하는 것이다. 이렇게 몸의 지각과 세계의 이미지는 하나로 합쳐져, 단일하며 연속적인 실존적 경험이 된다. 몸은 거주하는 지역domicile과 공간적으로 분리되지 않으며, 자아를 지각하는 무의식의 이미지는 공간과 분리되지 않는다. '신체상은 [...] 어렸을 때의, 촉감적이고 기준이 되는 경험orienting experiene을 통해 영향을 받는다. 우리의 시각상visual image은 나중에 발달하며, 시각상의 의미는 촉감에 의해 얻은 초기 경험에 의존하게 된다.' 이는 켄트 C 블루머Kent C Bloomer 와 찰스 W 무어Charles W Moore의 1977년 저작 『몸, 기억, 건축 *Body, Memory, and Architecture*』에서 인용한 내용으로, 이 책은 건축적 경험에서 감각과 몸의 역할을 조사한 최초의 연구 중 하나이다.77 그들은 계속해서 다음과 같이 설명한다. '오늘날 우리의 주거에는 몸과 상상력, 그리고 환경 사이에서 잠재적으로 오고가는 작용transaction이 결여되어 있다.' 78... '어떤 장소라 할지라도, 어느 정도는 기억에 남을 수 있다. 부분적으로는 그 장소의 독특함 때문이겠지만, 그 장소가 우리의 몸에 영향을 미치고, 충분한 연관성들을 만들어 내어 그 장소를 우리의 개인적 세계에 잡아두고 있기 때문이기도 하다.' 79

여러 감각이 관여하는multi-sensory 경험

바슐라르는 '감각들의 다성 음악적 성격' 80을 언급하면서 숲속 산책을 할 때, 기운이 나고 치료효과가 있는 이유는 모든 감각 양상이 끊임없이 상호작용을 하기 때문이라고 말한다. 눈은 몸, 그리고 다른 감각들과 협력한다. 우리의 실재성에 대한 감각은 지속적인 상호작용에 의해 강화되고 분명해진다. 건축은 본질적으로 자연의 확장이다. 자연을 인간이 만든 영역으로 확장하면서 세계를 경험하고 이해하기 위한 지평과 지각의 근거를 제공하는 것이다. 건축은 격리되거나 자기만족적인 가공품이 아니며 우리의 관심과 실존적 경험을 더 넓은 지평으로 향하도록 이끈다. 또한 건축은 일상적 생활환경과 사회적 제도에 개념적이며 물질적인 구조를 부여한다. 건축은 한 해의 순환, 즉 태양이 지나가는 길과 낮 시간의 흐름을 구체화하여 지각할 수 있는 것으로 만들어준다.

건축에서 모든 종류의 촉각적 경험은 여러 감각이 관여하고 있다. 공간, 물질, 스케일의 질적인 측면은 눈, 귀, 코, 피부, 혀, 뼈와 근육을 통해 동시에 여러 감각으로 가늠된다. 건축은 실존적 경험, 즉 세계 안에 자기가 존재하고 있다는 감각을 강화시키며 이는 본질적으로 자아에 대한 강화된 경험이다. 단순히 시각이나 고전적 개념의 오감 대신에, 건축은 상호작용하고 서로가 서로에게 융합되는 감각적 경험의 영역들과 관련이 있다.[81]

심리학자 제임스 J 깁슨James J Gibson은 감각이 수동적인 측면만 있는 수용기receiver가 아니라 공격적인 탐지 메커니즘이라고 간주한다. 그는 감각을 개별감각이 아니라, 시스템이라는 개념을 사용하여 다섯의 범주로 나눴다. 시각적visual 시스템, 청각적auditory 시스템, 맛-냄새taste-smell 시스템, 근본-지향basic-orienting 시스템, 그리고 촉감haptic 시스템이 바로 그것이다.[82] 슈타이너 학파의 철학Steinerian Philoshophy에서는 우리가 현실에서 적어도 12개 이상의 감각들을 활용한다고 가정한다.[83]

눈은 다른 감각과의 협력을 원한다. 시각을 포함해서 모든 감각은 촉감의 확장, 즉 피부의 특수한 분화specialisation로 간주될 수 있다. 각각의 분화들은 피부와 주변 환경이 서로 만나서 영향을 주고받는—다시 말하면 세계의 외면성과 우리 몸의 불투명한 내면성 사이의—경계면interface을 규정한다. 르네 스피츠[29)]René Spitz에 따르면 '모든 지각은 구강에서 시작한다. 구강은 원시 시대부터 내려온 연결다리, 즉 내부로의 수용과 외부의 지각을 잇는 통로로써 기능한다.'[84] 눈도 만질 수 있다. 시선은 무의식적으로 만지거나 신체적으로 모방mimesis

•

29) 오스트리아 출신의 정신분석학자. 프로이트의 정신분석이론을 발전시켜 유아기의 정신적 발달과 분석에 적용했다. 특히 유아기의 모성과 정서의 결핍이 가져오는 효과를 지적하며, 유아기의 의존우울증에 대한 발전된 분석을 시도했다.

하려는 행위, 동일시하려는 태도를 암시한다. 마틴 제이는 메를로-퐁티의 철학을 묘사할 때 '시각을 통해 우리는 태양과 별을 만진다.' 85라는 발언을 남겼다. 메를로-퐁티에 앞서, 18세기 아일랜드의 철학자이자 성직자인 조지 버클리George Berkeley는 촉감을 시각과 연계하면서, 촉감적 기억의 협조가 없다면, 물질성, 거리, 공간적 깊이를 시각적으로 이해하는 것은 결코 가능하지 않다고 가정하였다. 버클리의 관점에서 보면, 시각은 촉각의 도움이 필요한데, 촉각이 '단단함solidity과, 물러서지 않는 저항resistance, 돌출protrusion' 86에 대한 감지를 가능하게 해주기 때문이다. 촉각으로부터 분리된 시각은 '거리, 외부성outness, 깊이profundity를 전혀 알 수 없을 뿐만 아니라 , 결과적으로 공간이나 몸을 이해하는 것도 불가능해진다.' 87 버클리와 의견을 같이하면서, 헤겔Hegel은 공간적 깊이를 느낄 수 있게 하는 유일한 감각이 촉감이라고 주장했다. 촉각이 '무게, 저항을 느끼며, 물질로 된 몸의 삼차원적 형태gestalt를 감각하는 것이기 때문이다. 그리고 이런 식으로, 감각들은 우리로부터 확장되어 전방위로 뻗어 나가게 된다.' 88

시각은 우리가 촉각을 통해 진즉에 알고 있던 것을 드러낸다. 우리는 촉각을 시각의 무의식으로 생각할 수 있다. 우리의 눈은 먼 거리에 있는 표면과 윤곽, 모서리를 쓰다듬는다. 그리고 우리는 무의식적으로 촉각을 이용하는 경험을 통해 그 경험이 기분 좋은 것인지 불편한 것인지 알 수 있다. 멀리 있는 것과 가까이 있는 것이 같은 강도로 경험되면서, 그 둘은, 하나의 일관성을 가진 서로 밀착한 경험으로 결합한다. 메를로-퐁티도 이런 기술을 남기고 있다.

> 우리는 눈으로 대상의 깊이나 매끄러움, 부드러움과 딱딱함을 본다. 세잔은 심지어 우리가 다른 사람의 냄새도 눈으로 본다고 주장했다. 만약 화가가 세계를 표현하려 한다면, 그는 이런 보이지 않는 전체의 것을 가지고

색상의 배치를 진행해야 한다. 그렇지 않으면 그의 그림은 사물을 내비칠 뿐, 강력한 통합성, 존재감, 범접할 수 없는 풍요로움을 사물에 부여하지 못한다. 그리고 이들은 우리가 실재성을 규정하기 위해 반드시 필요한 것들이다.[89]

예술 작품이 반드시 '삶을 고양하는' 90 것이어야 한다는 괴테의 생각을 더욱 심화시켜, 버나드 베렌슨Bernard Berenson은 예술작품의 경험에서, 우리가 '관념화된 느낌ideated sensations' 를 통해 실제의 물리적 조우를 상상한다고 주장했다. 그는 여기서 가장 중요한 것이 '촉각치tactile values' 91라고 지칭했다. 베렌슨의 관점에서 진짜 예술작품은 촉감에 대한 우리의 관념화된 느낌을 자극하게 되어 있다. 그리고 이러한 자극이 삶을 고양하는 것이다. 실제로 우리는 피에르 보나르Pierre Bonnard가 목욕하고 있는 여인을 그린 여러 장의 그림 속에서 욕조안의 물이 따뜻하다고 느끼며, 터너의 풍경화에서 습기가 묻어나는 공기를 느낄 수 있다. 마티스의 바다를 향해 열린 창을 그린 그림들에서는 태양의 열기와 시원한 바람을 느낄 수 있다.

참여의 도시-소외의 도시

11. 감각으로 서로 연계되는 도시
피테르 브뢰헬 1세Pieter Bruegel the Elder, 「아이들의 놀이Children' s Games」(상세), 1560
비엔나, 미술사 박물관 Kunsthistorisches Museum with MVK and OTM 소장
12. 감각이 결핍된 근대의 도시
브라질, 브라질리아, 1968
사진 : 유하니 팔라스마

11

12

같은 방법으로 건축 작품은 보이지 않는 복잡한 인상들을 만들어 낸다. 프랭크 로이드 라이트의 낙수장Fallingwater은 주변의 숲과 건물 자체의 볼륨감, 표면의 질감과 색깔, 심지어 숲의 냄새와 강물이 흐르는 소리까지 포괄하는 생생한 체험들을 통해, 낙수장 고유의 충만한 경험을 직조하게 된다. 건축 작품은 시각적으로 아름답지만 고립되어 있는 그림의 집합이 아니라 충만하게 체화된 물질과 정신적 존재로 경험된다. 건축작업 하나에도 물리적, 정신적 구조 모두가 포함되며, 건축작업이란 이들 모두를 물리적 공간에 불어 넣는 작업이다. 건축이 그려내는 시각적 정면성frontality은 건축의 실제적 경험 속에서는 사라져 버린다. 좋은 건축은 눈에 의한 기분 좋은 만짐을 위해 만들어진다. '윤곽과 *외곽(modenature)*은 건축가를 위한 시금석touchstone이다' 라는 말에서 우리는 르 꼬르뷔제가 건축을 시각적으로만 이해하는 듯 보여도, 그의 건축에 촉각을 이용하는 구성요소의 존재가 있음을 확인할 수 있다.92

하나의 감각영역을 통한 이미지들은 또 다른 감각영역의 이미지에 대한 영양분이 되며, 현존을 보여주는 이미지는 기억과 상상, 꿈에 대한 이미지들을 불러일으킨다. 바슐라르는 '집은.. 몽상에 대한 피난처가 되고, 몽상가를 보호하고, 누구나 평화롭게 꿈꿀 수 있게 해준다는 데에 주된 이점이 있다.' 93 라고 적었다. 그러나 건축적 공간은 그보다 많은 역할을 한다. 건축적 공간은 우리의 생각을 규정하고 제한하고 강화하며, 집중시키는 동시에 우리의 생각이 길을 잃지 않도록 해준다. 우리는 바깥에서 우리의 존재를 꿈꾸고 감각할 수도 있지만, 명쾌하게 생각하기 위해서는 방이라고 하는 건축적 기하학이 필요하다. 생각의 기하학은 방의 기하학에 대한 반향echoes이다.

오카쿠라 텐신(岡倉天心)은 『차의 책*The Book of Tea*』 30)에서 여러 감각이 관여하는 이미지에 대한 미묘한 묘사를 일본인의 다도라는 상황을 통해 전달하고 있다.

침묵을 깰 어떤 것도 없는 고요함으로 인해 철주전자에서 물이 끓는 신호를 잘 들을 수 있다. 주전자는 몇 조각의 철이 바닥 쪽에 배치되어 특유의 음을 내며 좋은 소리가 난다. 그 소리 안에서 우리는 구름으로 감싸인 폭포, 혹은 멀리서 바위에 부딪히는 파도, 혹은 대나무 숲에 이는 비바람, 혹은 멀리 있는 언덕의 소나무를 스치는 바람을 연상시키는 반향을 들을 수 있다. 94

오카쿠라의 묘사는 현존과 부재, 가까움과 멀리 있음, 상상과 감각이 함께 융합되어 있다. 몸은 단순히 물리적 총체가 아니다. 그것은 기억과 꿈, 과거와 미래에 의해 강화된다. 에드워드 S 케이시Edward S Casey는 심지어 우리가 기억을 수용하는 능력이 몸에 의한 기억body memory가 없다면 불가능했을 것이라고까지 주장한다.95 세계는 몸에 반영되고 몸은 세계로 투사된다. 우리는 뇌의 신경 시스템과 더불어 몸을 이용하여 기억한다.

감각은 단순히 판단을 위한 정보를 매개하는 역할에 그치지 않는다. 감각은 감각적 사고를 분명하게 하고 상상력에 불을 지피는 수단으로서도 그 역할이 있다. 각각의 예술 형식은 자체가 가지고 있는 특징적 매개체와 감각을 연관시키는 데, 이로 인해 형이상학적이고 실존적인 생각이 정교하게 다듬어진다. 메를로-퐁티는 '회화의 이론치고 형이상학 아닌 것이 없다.' 96라고 하지만, 이 말은 현실에 있는 모든 종류의 예술 작품에 대한 이론으로 확장될 수 있다. 왜냐하면 모든 회화는 그 자체가 세상의 본질을 암시하는 추정들에 근거하기 때문이다. 메를로-퐁티는 폴 발레리를 빌어 말한다. '화가는 "그 자신과 더불어 자신의 몸을 다룬다."라고 폴 발레리는 말한다.

•

30) 『차의 책』, 정천구 역, 산지니, 2009. 원문에는 저자의 다른 이름인 오카쿠라 카쿠조(岡倉覺三)로 표기되어 있으나 여기서는 한국 출판물에서 더욱 빈번하게 사용되는 이름으로 표기하였다.

실제로 우리는 어떻게 마음이 그림을 그리게 하는지 상상조차 못하고 있다.' 97

비슷하게, 상상조차 쉽지 않은 일이 있다. 순수하게 뇌의 지적인 부분만을 사용한 건축, 즉 인간의 몸과 그것이 공간을 지나가는 움직임을 투사하지 않는 건축이 가능할까? 건축예술은 세계 속의 인간의 존재에 관한 형이상학적이고 실존적 질문에 관여하고 있다. 건축을 한다는 것은 명료한 사고를 요구하지만 이것은 몸과 감각, 그리고 건축이라는 특정 매개체를 통해, 특정하게 구현되는 사고체제이다. 건축은 '조형성을 가진 감성들plastic emotions' 98을 통해 인간적인 모습으로 세계와 직면하게 하는 생각들을 만들고 소통한다. 내가 보기에 건축의 임무는 '세상이 우리를 어떻게 만지는지를 가시화하는 것' 이다. 메를로-퐁티가 세잔의 그림에 대해서 말한 것처럼 말이다.99

그림자의 중요성

눈은 거리두기와 분리의 기관이다. 반면 촉감은 근접성과 친밀감, 그리고 애정의 감각이다. 눈은 조사하고, 제어하며 수사하지만, 촉각은 접근하고 어루만진다. 우리는 압도적인 감정을 경험하는 과정에서, 거리를 두는 감각인 시각을 차단하는 경향이 있다. 꿈꿀 때나 음악을 들을 때, 혹은 연인을 애무할 때 우리는 눈을 감는다. 이때, 짙은 그림자와 어두움은 본질적인 것이다. 시각의 날카로움을 무디게 하고, 깊이와 거리를 모호하게 하면서 무의식적이고 주변적인 시야와 촉각적 공상을 불러내기 때문이다.

어둠과 빛이 교차하는 영역을 가진 옛 마을의 길거리를 보라. 모든 것이 밝고 빛나기까지 하는 오늘날의 도시에 비해, 얼마나 신비롭고 유혹적인가! 상상과 백일몽은 희미한 불빛과 그림자 속에서 활성화된다. 명료하게 생각하기 위해, 시각의 날카로움은 억제되어야 한다. 아무 생각이 없고absent-minded

초점을 두지 않는 시야와 함께 우리의 사고는 여행을 하게 된다. 균질하게 밝은 빛은 상상을 마비시킨다. 균질하게 밝은 빛으로 만들어지는 균질한 공간은 존재의 경험을 약화시키고 장소성sense of place을 지워낸다. 인간은 눈은 밝은 대낮의 빛보다는 황혼의 어슴푸레한 빛을 위해 가장 완벽하게 조율되었다.

안개와 황혼이 상상력을 일깨우는 이유는 그것들이 시각적 이미지를 명료하지 않고 모호하게 만들기 때문이다. 안개 낀 산경(山景)을 그린 중국화나 료안지(龍安寺) 경내의 갈퀴로 무늬를 낸 모래정원은 꿈결 같고, 명상할 때와 비슷한 상태를 불러일으키는데, 이 과정에서 '초점을 두지 않은 보기방식'이 발생한다. 멍한, 아무 생각이 없는 시선이야말로 물리적 이미지의 표피 속으로 뚫고 들어가 무한성에 초점을 맞출 수 있다.

『음예공간 예찬*In Praise of Shadows*』31)에서 다니자키 준이치로(谷崎潤一郎)가 말하길, 일본은 음식을 만드는 과정조차도 그림자에 의존하고 있으며, 어두움과 분리하는 것이 불가능하다고 지적한다. '양갱이 칠기 접시에 올려져 나올 때, 그것은 방의 어둠이 당신의 혀 위에서 녹아내는 것과 같다.' 100 그는 우리에게, 게이샤의 하얗게 분칠한 얼굴도 마찬가지지만, 예전 방식의 게이샤 화장법인 검은 치아와 검푸른 입술 역시 방의 어두움과 그림자를 강조하기 위한 의도에서 나온 것임을 상기시키고 있다.32)

카라바조Caravaggio와 렘브란트Rembrandt의 회화에서도 초점에 대한 감각과 현존에 대한 감각이 유별나다고 할 정도로

31) 두 가지 버전의 번역본이 있다. 『음예공간예찬』, 김지견 역, 발언, 1997. 『그늘에 대하여』, 고운기 역, 눌와 2005.

32) 검게 칠해진 입술 위에는 반짝이는 자개 장식을 붙이기도 했다. 원문에서는 녹색을 띄는 검은색이지만 한국어 번역본에서는 한결같이 '검푸른' 으로 번역되어 있음을 확인하였다. 번역에서는 검푸른 으로 옮겼다.

강하다. 이러한 감각 역시, 주인공 주변에 배치된 그림자의 깊이로부터 일어난다. 그 효과는 마치 값진 물건이 다른 빛을 흡수하는 어두운 색의 비단을 바탕에 깔고 있는 있을 때 더 도드라져 보이는 것과 같다. 그림자는 빛 속에 있는 대상에 형체와 생명력을 부여한다. 또한, 그림자로 인해 공상과 꿈이 일어날 수 있는 영역이 만들어진다. 건축의 거장 역시 명암대비를 이용한 예술The art of chiaroscuro의 기술을 다룰 수 있다. 위대한 건축공간에서, 그림자와 빛은 지속적이고 깊은 호흡을 이어간다. 그림자는 빛을 들이쉬고 조명은 빛을 내쉰다.

우리 시대에 빛은 단지 양적인 문제로 치부되고 있다. 이제 건물의 창은 매개자로서의 중요성, 즉 닫힌 세계와 열린 세계, 내면성과 외면성, 개인성과 공공성, 그리고 빛과 그림자를 매개하는 역할을 상실하였다. 창은 그 존재론적 의미를 상실한 채, 단지 벽이 없는 부분, 벽의 부재가 되었다. 현대건축에서 친밀한 비밀과 신비로움 그리고 그림자를 다루는 데 있어 마법 같은 수준의 작업을 보인 루이스 바라간Luis Barragán은 이렇게 적고 있다.

> 거대한 평판 유리창의 사용에 대해서[...]평판 창은 우리의 건물들로부터 친밀감을 없애고, 그림자와 분위기가 가져오는 효과를 앗아간다. 전 세계의 건축가들은 큰 평판 창이나 바깥으로 열린 공간들에 부여한 비례에서 실수를 저질러 왔다[...]친밀한 삶에 대한 우리의 감각은 사라졌고, 공적인 삶, 본질적으로 집과는 거리가 있는 삶을 살도록 강요받게 되었다.[101]

마찬가지로, 현대의 공공 공간 대부분도 빛의 강도를 낮추고, 빛을 균질하지 않게 배분한다면, 보다 즐길 만한 것이 될 수도 있을 것이다. 알바 알토의 새이내트살로 시청사Saynatsalo Town Hall의 어두운 고치cocoon 내부 같은 시의회 회의실은 공동체 의식에 있던 신비롭고 신화적인 측면을 되살린다. 어두움은 연대의 감각을 형성하며, 입에서 나온 말에 힘을 싣는다.

감성적인 상태에서, 우리는 감각의 자극을 통해 정제된 감각이 아닌 더 오래된 감각을 지각하게 된다. 즉 감각의 중심이 시각에서부터 청각, 촉각, 후각으로, 또한 빛에서부터 그림자로 옮겨지는 것이다. 시민을 통제하려는 문화는 상호작용과는 반대방향으로 진행되기 쉽다. 즉 친밀한 개인성과 동일시로부터는 멀어지고, 공적이고 거리를 둔 분리가 일어난다. 감시 사회society of surveillance는 필연적으로 관음증적voyeuristic이고 가학적인 눈을 도처에 두고 있는 사회이다. 정신적 고문에 쓰는 효과적인 방법 중 하나는 강한 조명을 지속적으로 비추는 것이다. 강한 조명이 정신의 침잠withdrawal과 프라이버시를 위한 여지를 남겨놓지 않기 때문이다. 이 상황에서는 자아의 어두운 내면성마저도 노출되고, 종국에는 훼손된다.

청각적 친밀감

시각은 소외시키는 반면 소리는 포괄한다. 시각은 방향이 있지만 소리는 무지향성omni-directional 이다. 시각은 외면성을 암시하지만, 소리는 내면성의 경험을 창조한다. 내가 시선을 보낼 때, 소리는 나에게 접근한다. 눈은 도달하고 귀는 수용한다. 건물들은 우리의 시선에 반응하지 않지만, 소리는 건물에 반향 되어 우리의 귀로 들어온다. 월터 옹은 '중심부로 회귀하는 소리의 작용은 인간의 우주에 대한 감각에 영향을 미친다.' 라고 말하면서, '구강중심의 문화에서, 인간이 우주의 중심에 있을 때 우주는 지속되는 사건이 된다. 인간은 세계의 중심, *세계의 배꼽umbilicus mundi*이다' 102 라는 말을 남기고 있다. 현대세계에서 중심에 대한 감각이 상실된 것이, 적어도 부분적으로는 들을 수 있는audible 세계의 통합이 사라졌기 때문이라는 것은 시사 하는 바가 크다.

소리를 들으면서 공간의 이해와 경험이 구조화되고 분명해진다. 보통은 공간을 경험할 때 청각의 중요성을 잘 인식하지 못한다. 소리가 시각적 인상이 자리 잡게 되는 시간적 연속체 temporal continuum를 만들어 내는 데도 말이다. 만약 사운드트

13

14

청각과 후각의 건축

13. 오래된 마을과 공간에서 청각적 경험은 시각적 경험을 강화하고 풍요롭게 한다.
프랑스 남부 레 토로네Le Thoronet 지역의 초기 시토 수도원Cistercian Abbey, 1136년 플로리엘르Florielle 지역에서 최초로 설립되었으나 1176년 현 지역으로 이동
사진 : 데이빗 힐드David Heald
14. 풍부하고 기운이 나는 공간의 경험에서 모든 감각 영역은 상호작용하고, 기억할 만한 장소의 이미지로 융합되어 간다.
후각의 공간 : 에티오피아 하라harrar의 향신료 시장
사진 : 유하니 팔라스마

랙을 영화로부터 걷어내 버린다면, 영화의 장면은 조형성과 지속성의 감각, 생명력을 상실하게 될 것이다. 실제로 무성 영화는 소리의 부족을 과장된 표현의 오버액션을 통해 보완한다.

영국의 화가이자 미술평론가인 에이드리언 스토크스adrian stokes는 공간과 소리, 소리와 돌 사이의 상호작용에 대한 통찰력 있는 논평 하나를 남겼다. 그는 '인간에게 있어 어머니처럼, 건물은 좋은 청취자이다. 길게 전달되는 소리들, 명쾌한 소리들, 한꺼번에 뭉쳐서 들리는 소리들은 수로나 길바닥 포장으로부터 뒤로 기대고 있는 궁궐의 배수로orifice 33)를 위무한다. 반향과 함께 전달되는 긴 소리가 돌을 완성한다.' 라고 말했다.103

밤에 기차나 구급차 소리를 듣고 반쯤 잠이 깨거나, 수많은 거주자들이 여기저기서 도시를 채우고 있는 상황을 꿈속에서

33) 유관에 작은 구멍(orifice)이 있는 판을 두어 유량과 유량의 충격을 조절하는 오리피스형 배수로의 의미로 보는 것이 타당하다.

겪은 적이 있다면, 상상력 전반에 걸친 소리의 힘을 알 수 있을 것이다. 밤에 들리는 소리는 인간에게 외로움과 누구나 결국은 죽음에 이른다는 사실을 일깨워 주고 우리로 하여금 잠에 빠진 도시를 하나의 전체로 의식하도록 만든다. 폐허의 어둠속에서 물방울이 떨어지는 소리를 넋을 잃고 들어본 경험이 있다면, 청각의 특별한 능력, 즉 어두운 빈 공간에서 청각과 상상력만으로 형태의 외곽을 3차원적으로 빚어내는 힘에 대해서 이해할 수 있을 것이다. 어둠 속에서 청각으로 상상한 공간은 마음속에서 직접 주조한 캐비티cavity 34)가 된다.

스틴 아일러 라스무센의 영향력 있는 책 『건축예술의 체득』의 마지막 장은 '청각으로 느끼는 건축Hearing Architecture' 104이라는 제목이 붙어 있다. 작가는 다양한 차원의 청각적 특성들을 묘사하면서 오슨 웰즈Orson Welles가 출연했던 「제삼의 사나이*The Third Man*」의 한 장면인, 비엔나 지하 수로터널 시퀀스에서의 청각적 지각35)을 환기시킨다. '당신의 귀는 터널의 길이와 원통의 형태에 같이 가해지는 충격을 수용한다.' 105

사람이 살고 있는 집에서 나는 사근사근한 소리—거주자 개개인의 삶을 반영하는 물건들로 인해 굴절되고 부드럽게 바뀌게 된 소리—와는 달리, 사람이 살지 않거나 가구가 비치되지 않은 집에서 나는 소리는, 거칠고 황량하다. 모든 건물과 공간은 친밀감 또는 기념비성, 초대 혹은 거절, 호의 또는 적의를 뜻하는 고유의 특징적인 소리를 가지고 있다. 우리는 시각적 형체뿐 아니라 반향 되는 소리를 통해 공간을 이해하고

34) 금형을 조립하였을 때에 성형재료를 충전하는 빈 공간

35) 영화의 클라이맥스에서 안타고니스트인 해리 라임(오슨 웰즈 분)은 추적하는 군인들을 피해 비엔나의 지하수로로 숨어 들어간다. 이 때 추적자들이 움직임을 멈추고 오슨 웰즈의 위치를 청각을 이용하여 알아내고, 오슨 웰즈 또한 사람들의 목소리를 듣고 그들이 다가오고 있음을 지각하는 장면이 등장하는데 본문의 청각적 지각이란 표현은 이 장면을 의미한다.

제대로 평가할 수 있다. 그러나 청각적 지각은 보통 무의식적인 배경 경험에 그친다.

시각은 외로운 관찰자의 감각이다. 반면 청각은 연결과 연대의 감각을 창출한다. 우리의 눈은 대성당의 어둡고 깊은 공간에서 외롭게 방황하지만 오르간의 소리는 공간에 대한 친밀감을 즉각적으로 경험하게 한다. 서커스의 쇼가 진행될 때, 우리의 눈은 서커스의 긴장감을 외롭게 응시하지만, 긴장감이 해소되고 갈채가 터지고 나면, 그 소리는 우리를 다른 관중들과 하나로 만든다. 마을 거리를 따라 메아리치는 교회 종소리는 우리로 하여금 그 도시 시민으로서 누리는 권리를 의식하게 해준다. 도로 포장위에 메아리치는 발걸음 소리에는 감성적 울림이 있다. 발걸음이 주변을 둘러싼 벽에 울려서 우리에게 전달될 때, 우리는 공간과 서로 직접적으로 특정한 작용을 하고 있는 것이기 때문이다. 소리는 공간을 가늠하고 그 스케일을 이해할 수 있도록 해준다. 우리는 귀를 통해 공간의 경계들을 쓰다듬는다. 우리는 항구에서 들리는 갈매기 울음소리에 대양의 거대함과 수평선의 무한성을 인식하게 된다.

모든 도시는 고유한 울림을 가지고 있다. 그 도시의 패턴과 스케일, 그리고 주도적인 건축스타일과 재료에 따라 반사된 소리는 차이가 난다. 르네상스 도시의 반향은 바로크 도시와 다르다. 우리가 살고 있는 현대 도시는 모든 메아리를 상실하였다. 현대 도시의 넓고 개방적인 공간은 반향을 일으키지 못한다. 오늘날 건물의 실내에서 반사된 소리는 흡수되고 검열되고 삭제된다. 쇼핑몰과 공공 공간에서 울리는, 설정한대로 플레이되는 녹음된 음악소리는 청각으로 공간감을 파악할 수 있는 일말의 가능성마저 소거해버린다. 우리의 귀는 눈먼 상태에 이르렀다.36)

36) 저자는 귀에 의한 지각의 가능성이 말소되는 상황의 심각성을 시각의 상실에 견주고 있다.

침묵, 시간 그리고 외로움

건축에 의해 창조되는 가장 본질적인 청각 경험은 평온함tranquillity이다. 건축은 물질과 공간, 빛을 통해 침묵에 이른 구축construction의 드라마를 제공한다. 궁극적으로, 건축은 석화된 침묵이 만들어 내는 예술형식이다. 어수선한 건설 작업이 그치고 인부들의 고함소리가 잦아들면, 건물은 침묵의 박물관이 된다. 이 순간이 오기를 참을성 있게 기다리고 있던 정적을 담아내는 공간이 되는 것이다. 우리는 이집트 사원에서 파라오를 감싸고 있는 침묵과 만나게 된다. 고딕 성당의 침묵 속에서 그레고리오 성가의 마지막 음표들이 사그라지던 느낌을 떠올리고,37) 판테온의 벽에선 멀어져 가는 로마인의 발걸음과 조우하게 된다. 오래된 집들은 시간이 느렸던 이전의 시기로, 과거의 침묵으로 우리를 이끈다. 건축의 침묵은 즉각적으로 반응하고, 다른 어떤 것을 기억나게 하는 침묵이다. 강력한 건축적 경험은 외부의 모든 잡음을 침묵시킨다. 그러한 경험은 우리의 존재 그 자체에 관심을 가지도록 하며, 모든 예술이 그렇듯, 우리로 하여금 근본적 고독을 인식하도록 해준다.

지난 세기의 믿을 수 없이 빨라진 속도로 인해 시간은 현재

친밀한 온기를 가진 공간

15. 친밀감, 집의 느낌, 보호받는 느낌은 드러난 피부를 통해 감지된다
 피에르 보나르, 「욕조의 나부*The nude in the Bath*」(상세), 1937
 파리, 프티팔레 미술관Musee du Petit-Palais
16. 온기를 느끼는 친밀하고 사적인 공간으로서의 벽난로
 안토니 가우디Antoni Gaudí, 바트요 주택Casa Batlló
 바르셀로나, 1904-1906

•

37) 실제로 고딕 성당의 기둥 배치는 그레고리오 성가와 관련이 있으며 기둥의 리듬감이 성가의 진행을 도왔다고 보는 시각이 있다.

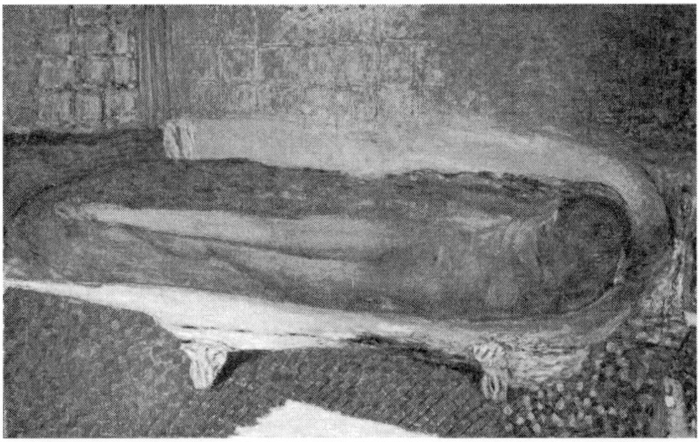

15

16

라는, 세계의 동시성이 투사되고 있는 스크린으로 납작하게 붕괴했다. 시간에 지속성이 사라지고, 태곳적부터 이어져오던 과거의 메아리가 없어지면서, 인간은 역사 속에 머무르는 존재로서의 자아에 대한 감각을 놓치게 되었다. 그리고 이제는 '시간의 공포terror of time' 106에 의해 위협받고 있다.

건축은 주변을 둘러싸고 있는 현재의 상황으로부터 우리를 해방시키고, 우리로 하여금 느리고 치유하는 힘이 있는 시간의 흐름을 경험하게 한다. 건물과 도시는 시간의 도구들이자 박물관이다. 이를 통해 우리가 역사의 흐름을 목도하고 이를 이해하는 것이 가능해진다. 그리고 우리는 개인적 삶을 초월하는 거대한 시간의 순환에 참여하게 된다.

건축은 우리를 죽은 자들과 연결한다. 건물을 통해 우리는 중세 거리의 부산함을 상상하고, 대성당으로 접근하는 엄숙한 행렬을 마음속으로 그릴 수 있다. 건축의 시간은 억류되어 있다. 시간은 건물의 가장 위대한 지점에서 가만히 그리고 단단하게 서 있다. 카르나크 신전의 대 열주랑Great Peristyle에서 시간은 움직이지 않는 현재, 시간개념을 초월한 현재의 모습으로 돌처럼 굳어있다. 시간과 공간은 이 곳의 거대한 기둥 사이에서 서로의 차원에 구속되어 침묵의 형식으로 머무른다. 물질, 공간, 시간은 하나의 단일하고 근본적인 경험, 즉 존재에 대한 감각으로 융합된다.

근대시기의 위대한 작품들도 낙관주의와 희망이 넘쳤던 유토피아의 시간대를 보존하고 있다. 심지어 수십 년간 모더니즘에 명운을 걸었던 시기 이후에도, 이 작품들은 봄과 약속의 기운을 뿜어낸다. 알바 알토의 작품, 파이미오 요양소Paimio Sanatorium에서의 빛나는 믿음—인간의 미래에 대한 낙관과 건축이 사회적 책무를 수행하는 데 있어 실패하지 않으리라는 확신—을 볼 때면 가슴이 미어진다. 르 꼬르뷔제는 빌라 사보아를 통해 우리가 이성과 아름다움, 윤리학과 미학의 통합이 가능하다는 것을 믿어야 한다고 말하고 있다. 콘스탄틴 멜니코프Konstantin Melnikov가 모스크바에 지은 자신의 집, 멜니코프 하우스Melnikov House는 드라마틱하고 비극적인 사회적, 문화적 변화를 거치면서도,38) 이전에 그 집을 가능하게 했던 유토피아적 정신과 그 의지의 조용한 관찰자로서 여전히 서 있다.

예술작품을 경험하는 것은 작품과 관찰자 사이의 은밀한 대화이며, 이때 다른 상호작용은 포함되지 않는다. 시릴 코널리Cyril Connolly는 그의 책 『안식에 이르지 못하는 무덤*The Unquiet Grave*』39)에서 '예술은 기억의 미장센Mise-en-Scène이다', '예술은 외로운 이에 의해서 외로운 이를 위해 만들어 진다'라고 기술하였다.[107] 시가(時歌)에 관한 내용을 다룬 이 책을 루이스 바라간이 소장하고 있었고, 위 두 문장에 밑줄까지 쳐가며 강조하고 있다는 사실은 상당히 의미심장하다.[108] 우수melancholy의 감각은 모든 감동적인 예술경험 밑에 깔려있다. 이것은 아름다움의 비물질적이고 일시적인 속성에 대해 슬퍼하는 감정이다. 예술이란 도달할 수 없는 이상을 기획하는 것이다. 일시적으로라도, 영원에 도달하려 하는 아름다움의 이상을 투사하는 것이다.

●

38) 멜니코프는 황금시대라고 불리운 1920년대 러시아 아방가르드 융성기에 활동한 구성주의 건축가이자 독립적 화풍의 화가이다. 멜니코프의 건축작업은 1920~30년대 초로 국한된다. 멜니코프가 스탈린이 자신의 권력구축과 유지를 위해 선호했던 권위적인 신고전주의 건축 디자인에 참여하기를 거부했기 때문이다. 그 이후로는 건축을 접고 초상화가와 교사로 죽을 때까지 생활했다. 그리고 멜니코프 하우스는 그가 1920년대 중반 지어서 죽기 바로 전까지 기거했던 집이다. 그의 성향과 사회적 위치, 격동의 러시아 역사를 보았을 때, 멜니코프 하우스가 유지되고 그의 아들 빅토르 멜니코프에 의해서 초기 상태로 복원된 사실은 기적 같은 일이다. (참조 : 위키피디아 콘스탄틴 멜니코프 항목 / 마크 어빙 편, 박누리, 정상희, 김희진 역, 『죽기 전에 꼭 봐야 할 세계건축 1001』, 마로니에북스, 2009)

39) 원래 이 제목은 젊은이가 연인의 죽음을 너무나 슬퍼한 나머지 그녀의 죽음이 안식에 이르지 못하는 내용의 영국 민요 제목에서 따온 것이다.

향기scent의 공간

신경 말단에서 냄새에 반응하는 자극을 촉발시키는 데는 단지 여덟 개의 분자가 필요할 뿐이지만, 우리의 코는 1만 종류 이상의 냄새를 탐지할 수 있다. 공간에 있어 가장 떨쳐내기 힘든 기억은 냄새이다. 내가 어렸을 때 갔었던 할아버지의 목장의 문이 어떤 모양이었는지 기억할 수는 없지만, 문을 밀 때, 문 자체의 무게로 인해 생기는 저항과 수십 년간의 사용으로 여기저기 흠집이 난 나무 표면의 고색창연함은 아직 기억에 남아있다. 마치 보이지 않는 벽에 부딪친 것처럼 문 뒤에서 내 얼굴을 후려치던 그 집의 냄새는 유독 강렬하게 기억이 난다. 사람이 사는 집은 모두 고유의 냄새를 가지고 있다.

우리는 어떤 특정한 냄새를 통해 무의식적으로, 망막에 의존한 기억으로는 완전히 잊고 있었던 공간에 다시 진입하게 된다. 코 속의 빈 공간은 잊고 있던 이미지를 일깨우고, 우리가 선명한 백일몽의 세계로 들어가도록 이끈다. 코는 눈이 기억할 수 있게 한다. 바슐라르는 '기억과 상상력은 연관 상태를 유지한다.' 라고 말했다. 그는 또한 '나는 홀로 또 다른 백 년의 기억 속에서, 독특한 냄새가 남아있는 깊숙한 찬장을 열 수 있다. 그 독특한 냄새odour는 건포도의 냄새, 채반 위에서 건조되었을 건포도 냄새다. 건포도 냄새! 형용이 불가한 이 냄새가 코를 통해 느껴질 때면, 수많은 상상이 피어난다.' 109

오래된 마을의 좁은 도로를 냄새의 영역으로 구분하면서 지나가는 것을 생각해보라. 즐겁지 아니한가. 사탕 가게의 향기scent가 나는 영역은 어린 시절의 순수함과 호기심을 생각나게 한다. 제화공의 공방에서 나는 강한 냄새smell는 말, 안장, 마구의 끈, 그리고 말타기의 흥분을 상상하게 한다. 빵집의 내음fragrance은 건강과 자양분, 육체의 힘을 떠올리게 하는 한편, 페이스트리 가게의 향perfume은 부르주아의 더할 나위 없는 행복을 생각나게 한다. 어촌은 바다와 땅의 냄새들이 융합되기 때문에 특별히 기억에 남을 만한 향을 가지고 있다.

해초의 강렬한 냄새를 통해 우리는 바다의 깊이와 무게를 감각하고, 평범했던 항구도시는 잃어버린 아틀란티스의 이미지를 얻게 된다.

여행의 특별한 즐거움은 지리와 더불어 냄새와 맛으로 된 축도microcosm에 익숙해지는 것에 있다. 모든 도시는 고유의 맛과 냄새의 스펙트럼을 가지고 있다. 길거리의 판매대는 식욕을 돋우는 냄새의 전시장이다. 여기에는 해초 냄새가 나는 바다 생물들, 비옥한 대지의 향을 전하는 채소, 태양과 촉촉한 여름 공기의 달콤함을 물씬 내뿜는 과일들의 다양한 내음이 넘쳐난다. 야외 레스토랑에서 진열된 메뉴들은 완전한 코스의 만찬을 상상하게 한다. 눈으로 읽은 글자들이 입 안에서 느낌으로 바뀌는 것이다.

버려진 집에서 나는 항상 똑같은, 공허한 냄새는 왜일까? 혹시 눈으로 텅 빈 공간을 보는 것에 의해 그 특정한 냄새가 촉발되는 것은 아닐까? 헬렌 켈러는 '옛날 방식으로 만든 시골집을 구분할 수 있었다. 그 집을 거쳐 갔던 가족들과 식물들, 향수와 직물이 만들어 내는 몇 가지 층위의 냄새가 있었기 때문' 이라고 말했다.110

『말테의 수기*The Notebooks of Malte Laurids Brigge*』에서, 라이너 마리아 릴케Rainer Maria Rilke는 이미 헐린 집에 있었던 과거의 삶의 이미지에 대한 극적인 묘사를, 그 집 옆 벽에 새겨진 흔적들을 통해 전하고 있다.

> 그 공기 속에는 한낮의 생활에서 뿜어진 냄새가, 질병이, 날숨과 여러 해 동안 밴 연기 냄새, 겨드랑이에서 배어나와 옷을 무겁게 적시는 땀내, 퀴퀴한 입 냄새, 더위에 지친 발 고린내가 스며 있었다. 지독한 오줌 냄새, 눈을 찌르는 듯한 그을음, 거무스름한 감자를 삶을 때 나는 냄새, 오래된 돼지비계에서 나오는 무겁고도 맨들맨들한 냄새가 섞여 있었고, 엄마의 돌봄을 받지 못한 젖먹이 아이에게서 나는 달콤하고 시큼한 냄새, 학교 가는 아이들의 두려움 섞인 냄새, 그리고 성년기 남자아이들의 침대에서 나오는 훅훅한 냄새가 스며 있었다.111

현대 건축의 망막적 이미지는 상상력이 부족하고sterile 생명력이 없다. 그 점은 시인[40]이 창조하는, 감성적이고 연상을 일으키는 힘이 강한, 후각적 이미지와 비교해 보면 보다 확실해진다. 시인은 단어에 봉인된 향기와 맛을 해방시킨다. 문장을 통해 위대한 작가는 삶의 모든 색깔을 담아내는 도시 전체를 만들 수 있다. 건축의 중요한 작품들 역시 삶의 충만한 이미지를 투사한다. 사실 위대한 건축가는 공간과 형체 뒤에 숨겨진 이상적 삶의 그림들을 해방시키는 방법을 아는 사람이다. 르 꼬르뷔제가 그린, 아내는 위쪽 발코니에서 러그를 털고 남편은 아래쪽에서 샌드백을 치고 있는 아파트 주거 블록의 공중정원 스케치와, 생선과 선풍기를 테이블 위에 올려둔 빌라 슈타인의 주방 사진 [41]은 근대 건축의 이미지에서 삶의 감각을 담은 보기 드문 사례들이다. 반면 멜니코프 하우스의 사

그림자와 어두움의 중요성

17. 마치 검은 색의 실크 위에 있는 값진 물건처럼 얼굴이 어두움 속에 놓여 있다.
 렘브란트, 「초상화*Self-Portrait*」(상세), 1660
 파리, 루브르 박물관
18. 핀란드 농부의 주택에서, 어두음과 그림자는 친밀감과 침묵을 만들어 낸다. 빛은 귀중한 선물이다.
 페르티놋사 주택Pertinotsa House, 19세기 후반
 헬싱키, 세우라사리 야외 박물관Seurasaari Open-Air Musem
 사진 : István Rácz

•

40) 릴케와 그의 인용문을 보라.

41) 스케치의 출처는 『건축을 향하여』로 비교적 쉽게 발견되는 것에 비해, 빌라슈타인의 사진은 출처를 찾아내기 쉽지 않다. 다만 출처불명인 상태로, 베아트리츠 콜로미나의 『프라이버시와 공공성』에 실려 있음을 밝힌다.

17

18

진들에서는 상징적 건축의 형이상학적 기하학과 전통적이고 평범한 실제 삶 사이에 극적인 간극이 있음을 확인할 수 있다.

촉각의 형체

'손은 복잡한 기관이며, 가장 먼 거리의 원천에서부터 거대한 본류의 움직임으로, 삶이 흘러가며 향하게 되는 삼각주이다. 손에는 나름의 역사가 있다. 더 정확하게 말하면 손에는 손 자체의 문화와 고유의 아름다움이 있다. 우리는 손에 자체적인 발전, 바람, 느낌, 기분 그리고 직업에 대한 권한을 부여한다.' 라이너 마리아 릴케가 오귀스트 로댕Auguste Rodin에 대한 에세이에서 남긴 말이다.112 조각가에게 손은 눈이다. 그러나 동시에, 하이데거가 주장하듯, 생각을 위한 기관이다. '손의 본질은 결코 쥐어 잡는 능력을 가진 기관이라는 사실만으로 결정되거나 설명될 수 없다[...]손의 모든 동작은 생각의 요소로 작동하며, 손 안에 있는 모든 것은 손이 생각의 요소로 품고 있는 것이다[...].' 113

피부는 질감과 무게, 밀도와 온도를 읽어낸다. 장인의 도구와 사용자의 부단한 손길로 빛이 나고 있는, 오래된 물건의 표면에는 손으로 쓰다듬고 싶게 만드는 무언가가 있다. 우리 이전에 수천 번에 걸친 다른 사람들의 손길을 거쳐 광이 나는 문고리를 만지는 것은 즐거운 일이다. 이와 같이 나이 들어보이지 않는 종류의 마모를 거쳐 형성되는 빛의 일렁임은 환영과 호의의 인상을 남긴다. 문고리를 잡는 것, 이는 건물과 나누는 악수이다. 촉각을 이용하는 감각을 통해 우리는 시간과 전통에 연결된다. 촉각이 전하는 인상을 매개로 우리는 헤아릴 수 없이 많은 세대들과 악수를 나누는 것이다. 물결에 반짝이는 조약돌은 좋은 촉감을 가지고 있다. 이는 조약돌이 물살에 마모되면서 마음을 진정시키는 둥글둥글한 형체가 되었기 때문이기도 하지만, 그 형태에 자갈이 만들어지기까지의 길고 느린 과정이 표현되어 있기 때문이기도 하다. 손안에 온전히 들어오는 자갈은 지속의 개념이 구체적인 재료를 통해 실현된 것이다. 그것은 형체로 전환된 시간이다.

루이스 칸Louis Kahn이 디자인한, 캘리포니아 라호야 소재 솔크 연구소Salk Institute의 웅대한 외부공간으로 진입하면서, 나는 콘크리트 벽으로 바로 걸어가 외벽의 실크 같은 부드러움과 따뜻한 온도를 느끼고 싶다는 유혹을 뿌리치기 힘들었다. 우리의 피부는 공간의 온도를 항상 정확하고 엄밀하게 알아낸다. 나무 밑에서도, 시원하고 기운이 나게 하는 그늘진 부분과 햇빛이 점점이 부서져 애무하는 듯 일렁이며 온기를 전하는 영역 모두, 그 자체가 공간과 장소의 경험이 된다. 나는 핀란드 시골에서 보낸 나의 어린 시절의 인상들로부터 이와 같은 경험을 선명하게 떠올릴 수 있다. 그 당시 어린 나는 코로 계절을 가늠할 수 있었다. 태양에 등지고 서 있는 벽이나 햇볕에 뜨거워져 눈이 녹아내리는 벽에서, 비옥한 땅의 냄새가 나면 여름이 오고 있음을 알게 되었던 것이다. 이러한 국지적인 봄의 풍경은 눈뿐만 아니라 피부나 코를 통해서도 확인하게 된다.

중력은 발의 맨 밑에서 측정된다. 우리는 땅의 밀도와 질감을 발바닥을 통해 밝혀낸다. 해가 지는 바다 옆에서 빙하기부터 그 자리에 있었을 바위 위에 올라 맨발로 서서 햇볕에 의해 데워진 돌의 온기를 느끼는 누군가를 상상해보라. 이런 행위를 통해 그는 스스로가 자연의 영구한 순환의 일부로 편입되는 것을 느끼며, 이례적인 치유의 과정을 경험하게 될 것이다.

'집에는 우리가 편하게 웅크릴 수 있는 장소와 구석들이 있다. 몸을 웅크리는 행위는 거주하다to inhabit 라는 동사의 현상학에 해당하는 것이며, 그렇게 할 수 있도록 배운 자들만이 절실하게 거주할 수 있다.' 라고 바슐라르는 적고 있다.114 '그리고 우리의 몽상에서 항상, 집은 큰 요람이다.' 115

노출된 피부와 집에 대한 느낌 사이에는 강력한 동일시가 존재한다. 집의 경험은 본질적으로 친밀한 온기를 경험하는 것이다. 벽난로 주변의 온기가 있는 공간은 궁극적인 친밀감이나 편안함과 같은 것으로 동일시될 수 있는 공간이다. 마르셀 프루스트Marcel Proust는 벽난로를 피부로 느끼는 시적인 묘사를 남기고 있다. '그것은 비물질적인 벽감 42)alcove과 같은 것이다. 벽난로는 방 안쪽으로 깎아서 만든 따뜻한 동굴이며, 부유하는 경계로 규정된 더운 기후의 영역이다.' 116 어떤 귀향의 감각도 내 어린 시절의 기억보다 강력할 수는 없다. 땅거미가 질 무렵 눈 덮인 나의 유년 시절의 집에서, 창문으로 나오는 빛을 본 순간, 따뜻한 집안 공간에 대한 기억만으로 얼어붙은 팔다리에 온기가 느껴졌던 것이 어린 마음에 잊을 수 없는 인상을 남겼던 것이다. 이와 같이, 집과 피부의 즐거움은 단 하나의 감각으로 통합된다.

돌의 맛

에이드리언 스토크스는 그의 글에서 유독 촉각과 구강의 느낌에 예민한 모습을 보였다. '건축을 이해하기 위해 부드럽다와 거칠다와 같은 일반 용어를 이분법적으로 적용하면서, 시각적 형상 아래 있는 구강 및 촉각의 개념을 보다 더 잘 보존할 수 있게 되었다. 시각은 굶주린 감각이다. 의심할 바 없이 가장 오래된 감각인 구강 자극은 촉각을 일으키며 전체 감각작용에 촉각을 끌어들이는 데, 이와 마찬가지로 시각 역시 구강자극에 의해 촉발될 수 있으며, 시각과 다른 감각의 삼투작용은 이미 이전부터 있어온 것이다.' 117 여기에 붙여 스토크스는 존 러스킨John Ruskin의 편지를 인용하면서, 편지 속에 있는 '베로나 대리석의 구강적 유혹oral invitation' 118에 대해서 적고 있다. '나는 이 베로나의 솜씨touch를 손으로 더듬어 가며 완전히 내 것으로 먹어버리고eat up 싶다네.' 119

촉각과 미각적 경험 사이에는 미묘한 전이transference가 일

•

42) 벽을 우묵하게 들어가게 해서 만든 공간.

어난다. 시각 또한 미각으로 전이된다. 특정한 색깔과 섬세한 디테일들은, 입안에서 어떤 느낌들을 일깨워 낸다. 섬세한 색깔과 광택을 가진 돌의 표면은, 우리가 인식 못하는 사이에 혀를 통해 감지된다. 세계에 대한 감각적 경험은 입 안의 느낌으로부터 유래한 것이고, 세계는 언제나 구강의 기원으로 회귀한다. 건축적 공간역시 구강에 가장 오랜 기원을 두고 있다.

오래 전 카르멜에 있는 찰스와 헨리 그린 43)Charles and Henry Greene이 디자인한 DL 제임스 하우스DL James House를 방문했을 때, 나는 무릎을 꿇고 섬세하게 빛나는 현관문의 하얀색 대리석 문지방에 혀를 대 봐야 할 것만 같은 기분이 들었다. 카를로 스카르파Carlo Scarpa의 건축은 44) 오감을 만족시키는 재료들과 기술적으로 다듬어진 공예 수준의 상세를 가지고 있어서, 바라간 하우스Barragán's houses의 육감적인 색깔만큼이나 빈번히 구강적 경험을 불러일으킨다. 맛있어 보이는 색깔로 칠해진 스투코 루스트로 45)stucco lustro의, 고광택의 목재나 채색으로 마감한 표피는 혀에 의한 공감을 이끌어 낸다.

다니자키 준이치로는 국그릇의 뚜껑을 여는 단순한 행위에서 일어나는 미각의 공간적 특성과 감각의 미묘한 상호작용을 다음과 같이 인상적으로 묘사하고 있다.

> 아름다움이란, 칠기의 덮개를 제거하고 국그릇을 입으로 올려 가져가는 사이에, 깊고 어두운 그릇에 담긴 정적이고 고요한 액체를 보았을 때, 칠기와 구분되지 않는 국의 색깔을 볼 때, 그 순간에 있다. 칠기의 어둠 속에

43) 미국의 수공예 운동 건축가. 이 둘은 형제이다. 영국에서 시작한 수공예 운동 건축의 전통을 받아들였지만 미국적인 고유성을 가지도록 발전시켰다. 대표작으로 갬블하우스가 있다.

44) 그의 주요한 작품은 브리온 납골당 성단소Brion Tomb and Santuary(1978), 카스텔 베키오 미술관Museo Castel vecchio(1964)등이 있다.

45) 표면에 광택이 있도록 매끈하게 다듬은 스투코(치장벽토)를 이용한 마감 방법.

> 무엇이 있는지 우리는 구분할 수 없다. 하지만 손바닥은 느낄 수 있다. 국의 부드러운 일렁임과, 그릇 가장자리에서 방울지며 위로 올라오는 김, 그리고 섬세한 기대를 하게 만드는 향기를[...] 신비로운 순간, 이는 거의 황홀한 순간moment of trance이라고까지 말할 수 있다.[120]

순전한 건축적 공간은 다니자키의 국그릇만큼이나 같은 수준의 충만한 경험을 열고, 그러한 경험이 머물게 하는 것을 가능하게 한다. 건축적 경험을 통해 우리의 몸은 세계와 가장 친밀한 방식으로 접촉하게 된다.

근육과 뼈의 이미지

원시시대의 인간은 무엇인가를 만들 때 그 자신의 몸을 측량과 비례를 위한 체계로서 사용했다. 전통적인 문화에서 삶을 꾸려가는 본질적 기술들은 촉감적 기억으로 축적된 신체 지혜wisdom of the body에 근거하고 있다. 고대의 사냥꾼이나 어부, 농부에게 필요한 본질적 지식과 기술은 석공이나 석수와 비슷한 부분이 있다. 이들의 지식과 기술은 해당 분야에서 구체적으로 전해지는 전통적 기법과 행위들에 대한 일종의 모방, 흉내 내기였다. 그리고 이들 모두 근육감각이나 촉각의 형식으로 축적되었다. 기술은 글이나 이론이 아니라, 일련의 전통적 동작들을 제련하고 구축함으로써 습득 될 수 있었다.

몸은 알고 있다. 그리고 기억한다. 건축의 의미는 몸과 감각이 기억하는 태곳적의 반응과 반작용으로부터 나온다. 건축은 유전자를 통해 전달된, 원시시대부터 지속된 행위들의 특성에 반응해야 한다. 건축은 오늘날 도시 거주자의 기능적이고 의식적이며 지적이고 사회적인 요구에만 반응해서는 안 된다. 건축은 몸속에 감춰져 있는 원시시대의 사냥꾼과 농부를 기억해야 한다. 편암함과 보호, 집을 감각하면서 형성되는 느낌은 헤아릴 수 없는 많은 세대를 거쳐 축적된 경험이 없으면 불가능하다. 바슐라르는 이를 '우리 안의 원시성을 끌어내기'

혹은 '원초적 이미지primal image' 라고 칭했다.[121] 그는 몸에 의한 기억이 가지는 힘에 대해 이렇게 적고 있다.

> 우리가 태어난 집은 우리 안에 거주하기inhabiting 다양한 기능들의 위계hierarchy를 새겨 넣는다. 우리는 특정한 집에 거주하고 있다는 기능을 보여주는 도해diagram이다. 그리고 다른 집들은 집에 대한 근본적인 주제에 대한 다양한 변주에 불과하다. 습관habit 이라는 단어는 이런 열정적인, 그리고 망각되지 않는 몸과 집의 관계liaison를 표현하기에는 너무 낡은 어휘다.[122]

근대 건축 디자인은 시각적 속성을 향한 편향을 인식하고 있었다. 아일린 그레이Eileen Gray는 '아방가르드 건축가들은 내부 공간을 희생시키며 외부공간에 관심을 보였다. 마치 집이란 것이 거주자의 안녕wellbeing 보다는 눈을 위한 즐거움을 위해 고안되어야하기라도 하듯 말이다.' 라고 기술했다.[123] 그녀의 디자인 접근방식은 시각적이거나 구성적으로 미리 마음속에 잡아둔 관념에서부터 시작하지 않는다. 그녀의 디자인은 일상생활의 아주 작은 상황들에 대한 연구로부터 발전되었다.

그렇다 해도 건축이 실존적인 중재의 역할을 수행하지 않은 채, 기능성이나 몸의 편안함, 감각적 즐거움만을 위한 도구가 될 수는 없다. 거리와 저항, 긴장에 대한 분명한 감각은 프로그램과 기능, 편안함과의 관계에서 지속되어야 한다. 건축의 어떤 부분도 실용적이고utilitarian 합리적이어야 한다는 동기로 속이 들여다보이거나 알기 쉽게 되어서는transparent 안 된다. 건축은 뚫고 들어갈 수 없는 비밀과 신비를 유지해야 한다. 우리의 상상력과 감성에 불을 댕기기 위해서.

안도 타다오(安藤忠雄)는 기능성과 쓸모없음 사이의 긴장감이나 대립을 드러내려는 열망을 표현해왔다. '나는 건축의 기능적 부분을 보장한 후에 다시 기능으로부터 건축을 제거해 보는 것이 가능하다고 생각한다. 달리 말하자면, 나는 건축이 어디까지 기능을 추구할 수 있는지를 보고 싶다. 다음에는 그

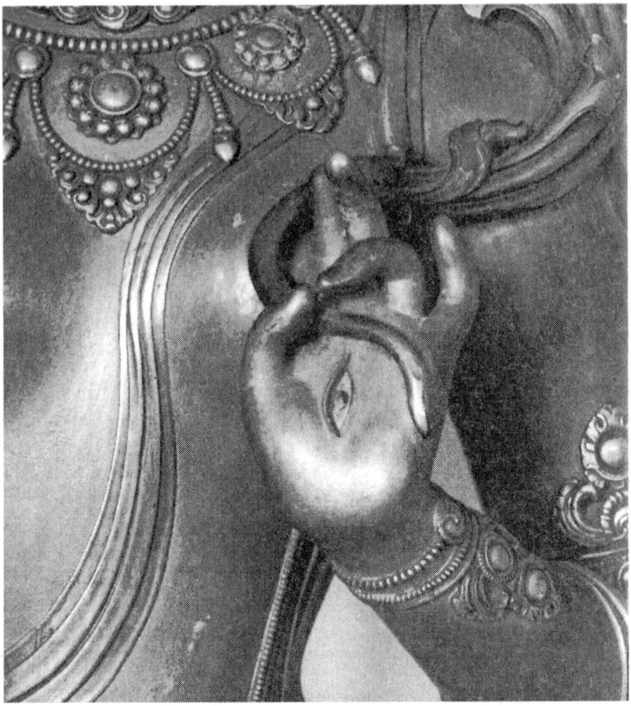

19

20

시각과 촉각

19. 촉각의 구성요소는 시각 속에 숨겨진다.
몽고의 청동상, 15세기 경
몽고, 울란바토르, 시립도서관
불교의 여성 신인 타라보살(多羅菩薩)은 다섯 개의 눈을 더 가지고 있는데, 이마와 팔 다리에 각각 하나씩 있다. 이 눈은 깨달음을 의미한다.

20. 문손잡이를 잡는 것은 건물과의 악수이다. 이는 매력과 정중함을 의미할 수도 있고, 금지와 공격성을 보일 수도 있다.
알바 알토, 아이언 하우스The Iron House, 헬싱키, 1954(문손잡이)
사진 : 하이키 하바스Heikki Havas

러한 추구 끝에, 건축이 기능으로부터 어느 정도까지 제거될 수 있는지를 보고 싶다. 건축에서 중요한 것은 건축과 기능 사이의 거리이다.124

행동의 이미지

잔디가 깔린 정원에 놓인 디딤돌은 발걸음의 이미지이자 각인이다. 문을 열 때, 우리의 체중은 문의 무게와 만나게 된다. 다리는 우리가 계단을 올라갈 때 발걸음을 측정한다. 손은 난간을 쓰다듬고, 몸 전체는 비스듬하게 그리고 극적으로 공간을 가로질러 이동한다.

행동action에 대한 주장에는 행동을 건축의 이미지 안에서, 적극적으로 조우하는 순간 혹은 '기능의 징조promise of function' 125 내지 목적의 징조로서 이해하려는 생각들이 내재되어 있다. 앙리 베르그손Henri Bergson은 '나의 몸을 둘러싸고 있는 대상들은 그 대상에게 가능한 행동을 반영하고 있다.' 라고 기술하였다.126 바로 이와 같은 행동의 가능성에서 건축이 다른 형식의 예술과 구분된다. 몸에 의한 반응은 암시된 행동의 결과로서, 건축적 경험과 분리될 수 없는 요소이다. 의미

있는 건축적 경험은 단지 망막에 맺힌 일련의 이미지로 그치지 않는다. 건축의 '요소들elements'는 시각적 구성단위나 형태Gestalt가 아니라, 기억과 상호작용하는 조우encounters, 기억과 마주하는 대치confrontations이다. '그러한 기억 속에서 과거는 행동으로 체화된다. 과거는 마음이나 머릿속 어딘가에 분리된 상태로 저장되지 않는다. 오히려 반대로 과거는 적극적인 구성요인이 되어, 몸을 이용한 움직임 하나하나에 참여하면서 특정한 행동을 완수할 수 있도록 해준다.' 127 에드워드 케이시가 기억과 행동의 상호작용에 관해 적은 내용이다.

집에 대한 경험을 구조화하는 것은 시각적 요소가 아니다. 그것은 요리하기, 식사하기, 사회화하기, 읽기, 저장하기, 잠자기, 친밀한 행동들과 같은 분명한 행동들에 의해 이루어진다. 건물은 조우의 대상이다. 건물은 우리의 몸에 접근하고, 우리와 대치하고, 연관을 맺으며, 우리의 몸을 스쳐지나, 그 후에는 다른 것들을 위한 배경으로 활용된다. 건축은 행위와 움직임을 일으키고, 연출하며 조직한다. 건물은 그 자체로는 목적이 아니다. 건물은 틀을 잡고, 분명히 표현하고, 구조화하고, 중요성을 부여하고, 연관 짓고, 분리하고, 연합하며, 가능하게 하고 금지한다. 따라서 건축의 경험은 기본적으로 정적인 상태noun 보다는 동적인verb 형태를 가지고 있다. 그러므로 진정한 건축적 경험은 접근 '하기'와 대치 '하기'의 구성으로 이루어지며, 파사드를 형태적으로 잘 이해하고 있다고 가능한 것이 아니다. 건축적 경험을 구성하는 것은 행동이다. 문의 시각적 형태보다는 열기라는 행동이, 물질적 대상으로서의 창문 자체보다는 창문 안팎을 내다보거나 들여다 보는 행동이, 시각적 디자인으로서의 벽난로보다는 온기의 영역을 점유하는 행동이 건축적 경험을 채우게 된다. 건축적 공간은 물리적 공간인 동시에 삶이 반영된 공간이며, 삶이 반영된 공간은 언제나 눈에 보이는 형태geometry와 측정가능성measurability의 경계를 넘어선다.

알바 알토는 「문간에서부터 휴게실까지*From the Doorstep to the Common Room*」(1926)라고 이름 붙은 매력적인 에세이에서 프라 안젤리코Fra Angelico의 *수태고지Annunciation*를 분석하고 있다. 여기서 알바 알토가 건축적 경험의 *동사적 본질verb-essense*을 인식하고 있었음을 확인할 수 있다. 그는 포치나 문의 형태적 디자인에 관해서가 아니라 방에 *들어가는entering* 행동에 관해 이야기하고 있다.128

근대의 건축적 이론과 비평은 역동적인 상호작용과 상호관계의 견지에서 공간을 이해하려고 하지 않는다. 대신, 표피에 의해 묘사되는 비물질적인 대상으로 공간을 간주하려는 경향이 매우 강하다. 그러나 일본적 사고에서는 공간의 개념을 이해하는데 있어 관계적인 성격을 반영한다. 프레드 톰프슨Fred Thompson교수는, 일본인의 사고에서 *간(間)*의 개념과 공간과 시간의 통합을 다룬 에세이에서, '공간space' 대신 '공간을 두기spacing', '시간time' 보다는 '시간을 들이기timing' 라는 개념을 사용하여 건축적 경험의 동사적 본질을 의식적으로 드러낸다.129 그는 건축적 경험의 구성요소를 묘사하면서 동사를 명사화한 표현, 즉 동명사들을 사용하고 있다.

몸에 의한 동일시Bodily Identification

진실한 건축적 경험은 건물의 구축적tectonic 언어에 근거하며 또한 감각에 이르기 위해 일어나는 행동을 이해할 수 있는 능력을 바탕으로 일어난다. 우리는 몸 전체를 가지고 세계를 보고, 만지고, 듣고 측정한다. 그러면 경험적 세계는 몸을 중심으로 조직되고 표현된다. 우리의 거주지domcile는 우리 몸, 기억, 정체성의 피난처이다. 우리가 주변 환경과 끊임없이 대화와 상호작용을 이어가는 과정에서, 자아의 이미지는 그것의 공간적, 상황적 실존과 분리 불가능한 정도에 이르게 된다. 가브리엘 마르셀Gabriel Marcel은 '나의 몸이 나' 130라고 주장했다. 시인 노엘 아르노Noel Arnaud는 '내가 있는 곳, 그 공간이나' 131라고 입장을 정리하였다.

헨리 무어Henry Moore는 예술 창작에서 몸에 의한 동일시가 필요함을 지각의 차원에서 기술하고 있다.

> 이것은 조각가가 반드시 해야 하는 것이다. 그는 충만한 공간적 완성도를 가진 형태를 생각하고, 그 형태를 사용하기 위해 끊임없이 분투해야 한다. 말하자면 그는 머릿속에 단단한 형체를 가지고 있는 셈이다. 그것의 크기가 어찌되든 조각가는 그 형체가 손을 오므리면, 손 안 움푹해진 곳에 완전히 둘러싸이는, 쉽게 잡을 수 있는 것으로 생각한다. 그는 마음속으로 주변의 모든 것들로부터 복잡한 형태를 시각화한다. 조각가는 한쪽 면을 바라보는 동안 자기가 다른 면도 같이 바라보고 있다는 것을 이해하고 있다. 그는 스스로를 자신이 만든 형체의 중력중심과 매스, 중량과 동일시한다. 그는 3차원적 형태를 구현하고, 그 때 형체를 대체하는 공간이 실현된다.[132]

어떤 예술 작품을 감상하던지 간에 몸을 이용한 상호작용에 대한 암시가 있게 마련이다. 그레이엄 서덜랜드Graham Sutherland는 예술가의 작업에 대해서 이러한 관점을 표출한다. '어떤 의미에서, 풍경 화가는 반드시 풍경이 자기 자신, 인

주변적인 시선과 내면성의 감각

21. 숲은 여러 감각이 관여하는 수용으로 우리를 감싸 안는다.
주변적인 자극의 다양성은 효과적으로 우리를 공간의 실재성으로 밀어 넣는다.
핀란드의 소나무 숲
노르마쿠Noormarkku, 알바 알토의 빌라 마이레아Villa Mairea 근처
사진 : 라우노 트뢰스켈린Rauno Träskelin

22. 미국 표현주의 화가의 스케일과 그림에서의 테크닉이 주변적인 자극을 제공하고 우리를 그림의 공간으로 초대한다.
잭슨 폴락Jackson Pollock, 「하나: 넘버 31 One: Number 31」(상세), 1950
뉴욕, 현대미술관Museum of Modern Art

21

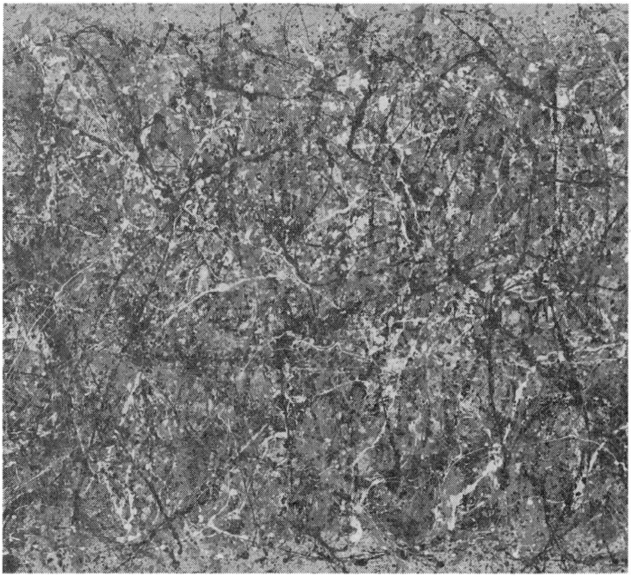
22

격체로서의 자기 자신인 것처럼 생각하고 풍경을 바라보아야 한다.' 133 세잔의 관점에서 '풍경은 내 안에서 스스로에 관해 생각한다. 나는 풍경의 의식이다.' 134 예술작품은 우리가 무의식적으로 이야기를 나누게 되는 또 다른 인격체로 기능한다. 예술작품과 마주했을 때 우리는 감정과 느낌을 그 작업 위에 투사한다. 이때 흥미로운 교환이 일어난다. 우리의 감정은 작품에, 작품은 그것의 권위와 아우라를 건네준다. 결과적으로 우리는 우리자신과 만나게 된다. 멜라니 클라인Melanie Klein은 '투사적 동일시projective identification' 라는 개념을 통해, 인간의 모든 상호작용에 실제로는, 자아의 부분 부분들을 다른 사람에게 투사하는 과정이 암시되어 있다고 주장했다.135

몸의 모방mimesis

위대한 음악가는 도구가 아닌 그 자신을 연주한다. 재간 좋은 축구 선수는 그저 공만 차고 있는 것이 아니다. 그는 자신의 몸 전체와, 같이 뛰고 있는 다른 선수들을 이용하여, 그의 마음속에서 내면화되고 체화된 경기장을 만들어 놓고 그 위에서 게임에 임한다. '선수들은 어디에 골대가 있는지를 지식이 아니라 체득하는 방식으로 이해하고 있다. 경기장에서 이성이 머물 수 있는 곳은 없다. 경기장을 채우고 경기장에 거주하는 것은 선수들의 "체득하는" 몸이다.' 리처드 랑Richard Lang이 메를로-퐁티의 관점에서 축구경기의 기술에 관하여 남겼던 말이다.136

유사하게, 디자인 과정에서, 건축가는 그가 마음속에 품고 있는 건물과 더불어 풍경, 전체적 컨텍스트, 그리고 기능적 요구들을 점진적으로 내면화하게 된다. 움직임, 균형 그리고 스케일은 몸을 이용하여, 의식하지 않은 상태에서 느끼는 감각이다. 이는 근육의 수축이나, 골격 및 장기의 위치관계에 따른 긴장감이 몸을 통해서 느껴지는 방식과 다르지 않다. 건축 작품이 관찰자의 몸과 상호작용하는 과정에서, 건축가의 신체가 느낀 감각이 건축적 경험에 반영된다. 그 결과, 건축은 건축가의 몸에서 직접적으로 그 작품을 접하는 사람의 몸으로 전달되는 소통이 된다. 그 소통은 수세기가 지나도 유지된다.

건축적 스케일을 이해하고 있다는 것은 대상이나 빌딩을 무의식적으로 자신의 몸을 사용하여 가늠하고 있음을, 그리고 자신의 신체도식을 해당 공간에 투사하고 있음을 시사한다. 즐거움이나 보호를 받는 느낌은 몸이 공간과 공명을 지각할 때 발생하는 감각이다. 건축물을 경험하면서 우리는 무의식적으로 근육과 골격을 이용하여 건축물의 상호배치 형태configuration를 모방한다. 즐겁고 생명력이 넘치는 음악의 흐름은 잠재의식 속에서 신체적 감각으로 변형되고, 추상화의 구성은 근육조직의 긴장이라는 차원에서 경험된다. 우리는 무의식적으로, 골격계를 이용하여 건물의 구조체계를 모사하고 이해하게 된다. 부지불식간에 우리는 기둥이나 궁륭vault의 역할을 우리의 몸으로 수행하고 있는 것이다. '벽돌은 아치가 되고 싶어한다,' 라고 했던 루이스 칸의 말처럼 말이다. 그리고 이런 형태변화metamorphosis는 몸의 모방 능력에 의해 발생한다.137

중력의 감각은 모든 건축학의 체계에서 본질적인 것이다. 위대한 건축은 중력과 땅을 인식하게 해준다. 건축은 세계의 수직적 차원에 대한 경험을 강화한다. 동시에 우리는 땅의 깊이를 인식하며, 이러한 인식이 우리가 공중으로 부양하거나levitation, 비행하는 것을 꿈꾸게 되는 배경이 된다.

기억과 상상의 공간

우리는 기억하고 상상하는 능력을 내재적으로 가지고 있다. 지각, 기억, 그리고 상상은 지속적인 상호작용이다. 현존의 영역domain of presense에는 기억 및 공상의 이미지가 융합되어 있다. 우리가 기억과 환기로 만들어진 거대도시의 구축을 지속하고 있을 때, 이 거대도시의 구역 구역마다 우리가 방문했

23

24

던 모든 도시들이 자리하고 있다.

우리에게 기억과 상상의 공간으로 *들어가는* 능력이 없다면 문학과 영화의 매혹적인 힘은 사라지게 될 것이다. 온전한 차원의 경험에서 보면 예술 작품을 통해 유도된 공간과 장소들은 실재하는 '곳' 이다. 사르트르는 다음과 같이 적고 있다.46) '틴토레토Tintoretto 47)는 골고다 언덕 위에 비통함을 '의미signify' 하기 위해, 혹은 비통함을 '불러일으키기provoke' 위해 쓰이던 노란색 번개무늬 균열을 그리지 않았다. 그것은 비통함인 동시에 노란 하늘이다. 비통함의 하늘이거나 비통해하는 하늘이 아니다. 그것은 사물이 된 비통함이고, 하늘의 노란색 균열로 바뀐 비통함이다'.138 비슷하게, 미켈란젤로Michelangelo의 건축 역시 우수(憂愁)에 대한 상징들을 가지고 있지 않다. 그의 건물들은 실제로 슬퍼한다. 흥미로운 교환 작

삶을 고양하는 감각의 건축

23 오감을 풍요롭게 만족시키는 형식적 제한을 가진 건축은 모든 감각에 일제히 말을 건다.
페터 춤토르Peter Zumthor, 발스 욕장Thermal Bath, Vals (1990-1996)
스위스, 그라우뷘덴Graubünden
사진 : 엘렌 비네Hélène Binet

24 움직임의 감각에 말을 걸고, 시각만큼이나 촉각적이며, 그리하여 가정적이고 환대하는 분위기를 만들어 내는 건축.
알바 알토, 빌라 마이레아, 1938-1939, 진입 홀과 거실 및 주 계단
핀란드, 누르마쿠
사진 : 라우노 트뢰스켈린Rauno Träskelin

46) 『문학이란 무엇인가』, 정명환 역, 민음사, 1998

47) (1519~1594) 16세기 중후반 베네치아에서 활동한 화가. 인공적인 빛과 극적인 동세 표현이 특징이며 엘그레코에게 큰 영향을 미친 것으로 알려져 있다. 사르트르가 표현하는 틴토레토의 작업은 *그리스도의 십자가 처형crucifixion*(1565)이다.

용이 예술작품을 경험할 때 일어난다. 작품은 우리에게 그것의 아우라를, 우리는 작품으로 우리 자신의 감성과 인식을, 서로에게 투사하는 것이다. 미켈란젤로 건축의 구슬픈 느낌은 근본적으로는 관찰자 그 자신의 구슬픔이 작품의 권위에 의해 유도된 것이다. 불가사의하게도, 우리는 작품 속에서 우리 자신과 조우하게 된다.

기억은 우리를 멀리 떨어진 도시로 되돌리고, 소설은 우리로 하여금 작가가 단어의 마법으로 불러낸 여러 도시들을 거쳐 가게 한다. 위대한 작가가 만들어낸 방과 광장, 그리고 거리는 마치 우리가 직접 가본 것처럼 선명하다. 이탈로 칼비노의 소설, 『보이지 않는 도시들*the invisible cities*』48)은 화수분처럼 넘치는 도시지리학적인 속성을 가진 세계를 경험하게 한다. 알프레드 히치콕Hitchcock은 *현기증Vertigo*의 몽타주를 통해 샌프란시스코의 다양성49)을 펼쳐내 보였다. 우리는 주인공의 발걸음을 통해 잊을 수 없는haunting 50 건물들로 *들어가고enter*, 주인공의 눈을 통해 건물들을 본다. 우리는 도스토옙스키Dostoyevsky의 주문과도 같은 문장을 통해 19세기 상트페테르부르크의 시민이 *된다become*. 라스꼴리니꼬프Raskolnikov가 충격적인 두 번의 살인을 저지를 때, 우리는 그 방에 *있으며are*, 미꼴까Mikolka와 그의 만취한 친구들이 말을 때려 죽일

•

48) 『보이지 않는 도시들』 이현경 역, 민음사, 2007

49) 히치콕은 샌프란시스코의 바다와 경사진 풍경, 비슷한 높이의 건물들, 날씨와 같은 요소들을 통해 등장인물들의 불안함과 두려움 등의 심리적 상황을 공간과 연계하여 표현한다.

50) 현기증에서 초기 사건 진행의 주요한 모티브는 자신과 닮은 조상이 자신으로 환생했다는 생각에 집착하는 여주인공 메들린(킴 노박 분)의 존재이다. 주인공 스카티(제임스 스튜어트 분)는 메들린을 종탑에서 추락사로 잃고 난후 그녀와 닮은 여인 주디 바튼(킴 노박 1인 2역)을 만나 강박적으로 그녀를 메들린처럼 꾸미려 한다. 그런 측면에서 이 영화는 실제로 존재하지 않는 망령에 대한 집착이 전반부와 후반부에 각각 다른 등장인물에 의해서 재현된다고 볼 수 있다. '귀신이 출몰하는' 으로 번역될 수 있는 단어 선택이 흥미롭다.

때에도, 우리는 겁에 질린 채 바라보는 관중 한가운데 *있다 are*. 우리는 등장인물과 같은 공간에 있으면서도 아무 의미 없는 잔혹함과 광기를 막지 못하는 우리의 무능력에 좌절감을 맛보게 된다.

영화 제작소의 세트에서 찰나의 파편들로 세워지는 도시는 실제 도시 못지않은 완전한 활력으로 우리를 둘러싼다. 거대한 그림들 안에서 거리는 코너를 돌고 액자틀의 모퉁이를 지나 도시의 모든 번잡함과 함께 보이지 않는 곳까지 계속된다. 사르트르는 말했다. '[화가는] [집을] 만든다. 이것은 그가 캔버스 위에 가상의 집을 그리는 것이지 집의 기호를 그리는 게 아니라는 것을 의미한다. 이렇게 드러나는 집은 실제 집에 있는 모든 모호성을 지니고 있다.' 139

기억 속에서 단지 멀리 떨어져 있는 시각적 이미지로만 남아있는 도시들이 있는가 하면 활기로 기억되는 도시들도 있다. 기억은 소리와 냄새, 더불어 빛과 음영의 변화들을 통해 홍겨운 도시를 다시 불러낸다. 심지어 나는 기억속의 즐거운 도시에서 햇빛이 드는 거리와 그늘이 지는 거리 중 어디를 선택할지와 같은 소소한 사항조차 선택할 수 있다. 도시의 가치들을 실제로 알게 되는 것은 우리가 도시와 사랑에 빠지는 것을 상상할 수 있는지 여부에 달려 있다.

감각의 건축

건축물들은 그들이 강조하고 싶어하는 감각영역에 따라 다양하게 구분될 수 있다. 시각의 건축과 나란히, 근육과 피부와 관계를 맺는 촉감적 건축이 있다. 또한 청각과 후각, 미각의 영역을 의식하는 건축도 있다.

예를 들어 르 꼬르뷔제와 리처드 마이어Richard Meier의 건축은 정면성을 강조하는 측면에서나 『건축적 산책promenade architecturale』에서의 고유 감각을 가진 시각의 측면으로나 명백하게 시각을 선호한다. (르 꼬르뷔제의 후기 작품이 물질성과 질량감의 강력한 존재감 안에 강렬한 촉각적 경험을 구현하긴 했지만 말이다.) 다른 한편으로, 표현주의 건축의 기원인 에리히 멘델존Erich Mendelsohn과 한스 샤로운Hans Scharoun은 근육의 촉각적 조형성을 선호했다. 이는 그들이 시각의 힘, 즉 투시도법상의 지배적 힘을 제한했던 것의 자연스러운 결과였다. 프랭크 로이드 라이트와 알바 알토의 건축은 인간 상황의 체화와 무의식 속에 숨어 있는 다수의 본능적 반응을 완전히 인식하고, 이를 기반으로 전개되었다. 오늘날에는 글렌 머컷Glenn Murcutt, 스티븐 홀Steven Holl, 그리고 페터 춤토르Peter Zumthor의 작품들이 다수의 감각을 사용하는 경험을 강조하는 사례가 될 수 있다.

알바 알토는 그의 건축에서 의식적으로 모든 종류의 감각에 관심을 두었다. 그가 가구디자인에 있어 의도했던 감각에 대해 언급했던 내용은 이와 같은 관심을 명백하게 드러낸다. '가구 하나 하나가 개인적 주거의 일상을 형성하므로, 가구는 빛의 반사로부터 과한 눈부심을 일으켜서는 안 된다. 마찬가지로 가구가 소리의 차원, 즉 흡음이 잘 되지 않는다면 곤란하다. 의자를 보면 알 수 있듯, 가구는 인간과 가장 친밀한 접촉을 하게 된다. 그러므로 가구는 과하게 열을 잘 전달하는 재료로 만들어져서는 안 된다.' 140 알바 알토는 명백하게 시각적 미학보다는 사용자의 몸과 대상의 만남에 보다 많이 관심을 가지고 있었다.

알토의 건축은 근육과 촉각의 존재를 드러낸다. 그의 건축은 전위dislocation, 왜곡된 대치skew confrontation, 불규칙성irregularities과 폴리리듬 51)을 포함하고 있다. 몸을 이용한, 근육과 촉각의 경험을 불러일으키기 위해서이다. 그가 손을 위해 공들여 만들어낸 정교한 질감의 표면과 디테일들은 촉각의

•

51) 연주하는 한 곡 안에서 두드러지게 대조적인 리듬을 동시에 연주하는 방법.

감각을 일으키며, 친밀하고 따뜻한 분위기를 자아낸다. 실체가 없고 데카르트 식 이상주의에 지나지 않는 시각적 건축 대신에, 알바 알토의 건물들은 감각적 영역에 근거하고 있다. 그의 건물들은 단 하나의 지배적인 개념이나 형태Gestalt에 근거를 두고 있지 않다. 그의 건물은 차라리 감각적 복합체agglomerations라고 말하는 것이 타당하다. 심지어 그의 건물은 어떤 때는 어설퍼 보이고 도면에서 해결이 되지 않은 것처럼 보이기도 한다. 하지만 알토의 건물들은 이상화된 시각의 구축물로서가 아니라, 현실의 물리적이고 공간적인 조우를 통해 가치를 알 수 있도록, 즉 우리가 살고 있는 세계의 '살 속에서in the flesh' 온전히 평가할 수 있도록 디자인되었다.

건축의 과제

시간을 초월하여 건축에 부여된 과제는 체화되고 생명력 있는 실존적 은유들을 창조하여, 우리의 존재를 세계 속에서 공고히 하고 구조화하는 것이다. 건축을 통해 이상적인 삶의 이미지와 생각들이 반영되고, 실현되며, 영원히 전해진다. 우리는 건물과 마을로 인해, 형체가 없는 실재성의 흐름을 구조화하고 이해하며 기억하게 된다. 건축은 우리로 하여금 영원과 변화 사이의 변증법을 지각하고 이해하도록 해주고, 우리를 세계 안에 정착하도록 하며, 문화 및 시간의 연속체 안에 위치시킨다.

행동과 힘, 사회 및 문화적 질서, 상호작용과 분리, 정체성과 기억을 재현하고 구조화하는 과정에서, 건축은 근본적이고 실존적인 질문을 제기한다. 모든 경험은 기억과 회상, 비교의 행동을 시사한다. 체화된 기억은 공간이나 장소를 기억해 내는 근거로서 기능하는 본질적 역할을 가지고 있다. 우리가 가봤던 모든 도시와 마을, 우리가 인식하고 있는 모든 장소들은 인간의 모습을 하고 기억 속으로 옮겨진다. 우리의 거주지는 우리의 자아정체성과 함께 통합된다. 거주지가 우리 자신의 몸, 그리고 존재의 일부가 되는 것이다.

기억에 남는 건축의 경험 속에서 공간, 물질, 시간은 하나의 단일한 차원으로 융합되어 우리의 의식을 관통하는 존재의 기본적 실체로 합쳐진다. 우리는 우리 자신을 이러한 공간, 이러한 장소, 이러한 순간들과 동일시한다. 그리고 이러한 차원들은 우리 존재의 가장 중요한 구성요소가 된다. 건축은 세계와 우리자신 사이의 조화에 관한 예술이며, 이러한 중재는 감각을 통해 일어난다.

1954년, 당시 85세의 나이였던 프랭크 로이드 라이트는 건축의 정신적 과제를 다음의 문장으로 표현했다.

> 오늘날 건축에서 가장 필요한 것은 삶 속에서 가장 필요한 바로 그것, 통합성integrity이다. 인간한테도 그러하듯, 통합성이란 건물에서 가장 깊이 있는 가치이다[...]만약 우리가 통합성을 구현하는 데 성공한다면, 그것은 우리의 민주주의 사회가 가진 도덕적 본성에 크나 큰 도움이 될 것이다[...] 당신 건물에서 통합성을 옹호하라. 그러면 당신은 그 건물과 직접적으로 관련 있는 이들의 삶에서 통합성뿐만 아니라 사회적 상호 관계가 불가피한 사람들의 삶에서의 통합성 역시 지지하는 것이다.[141]

반세기 전, 건축의 임무에 대한 이 단호한 선언은 이것이 쓰인 시기보다 오늘날 더더욱 시급하다. 그리고 이러한 관점은 인간이 처한 상황에 대한 완전한 이해를 요구한다.

문고리 하나, 악수 한 번

유하니 팔라스마와
그의 작업

PETER MACKEITH

문고리를 건물과 나누는 '악수'라고 생각하는 것과 같은 선상에서, 이 책은 핀란드의 건축가이자 교육자이며 평론가인 유하니 팔라스마와 악수를 할 수 있는—심지어는 잠깐의 시간을 그와 친구로 같이 지낼 수 있는—기회를 제공한다. 『건축과 감각』은 대단히 많은 부분을 손에 할애한다. 이 책의 저자와 마찬가지로 책의 기술방식은 부드럽게 당신의 호기심을 북돋으며, 친밀하게 당신을 붙잡는 듯한 느낌을 준다. 읽다보면 저자의 목소리에 묻어 있는 온기와 지성, 관대함과 정중함, 영감이 오래지 않아 모습을 드러나고, 당신의 참여에 답례할 것이다.

디자이너로서 팔라스마는 문고리 디자인과 제조에 많은 관심을 두었다. 북구 건축 문화의 흐름속에서 그의 선배들과 같이—엘리엘 사리넨Eliel Saarinen(1873-1950), 에릭 구나르 아스플룬트Erik Gunnar Asplund(1885-1940), 아르네 야콥센Arne Jacobsen(1902-71), 그리고 알바 알토Alvar Aalto(1898-1976) 같은 이들과 마찬가지로—문고리는 팔라스마에게도 마력적일 정도로 중요한 것이었으며, 탐구하고 제련하고 직접 손으로 만들 필요가 있는, 주요하면서 기본적인 디테일이었다. 팔라스마의 스케치북을 보면, 많은 수의 레버 손잡이 디자인이 집요하게 반복적으로 묘사되어 있다. 그의 고향도시 헬싱키에 설치된, 청동 주물의 부드러운 곡선으로 되어 있는 수직의 문손잡이door pull에는 형태적 원칙들로부터 건축위원회의 열망에 이르기까지, 모든 요소들이 포함되어 있다. 감각을 의인화시킨 비유에 가까운 『건축과 감각』은 적절하다appropriate는 의미가 잘 어울리는 책이다. 책의 명쾌한 구조, 지적인 밀도, 엄밀하고 정확한 표현, 인정 넘치는 세심함과 심오한 의미에서 우리는 작가의 성향을 알 수 있게 된다.

문고리디자인과 출판을 같은 가치로 이해하는 것 자체가 팔라스마의 삶과, 그의 작품을 상징적으로 보여주는 태도가 될 것이다. 팔라스마는 그의 작품 전반에 걸쳐 '생각하기'와 '만들기' 사이의 상호보완적인 관계를 강조했다. 건축에 대한

1

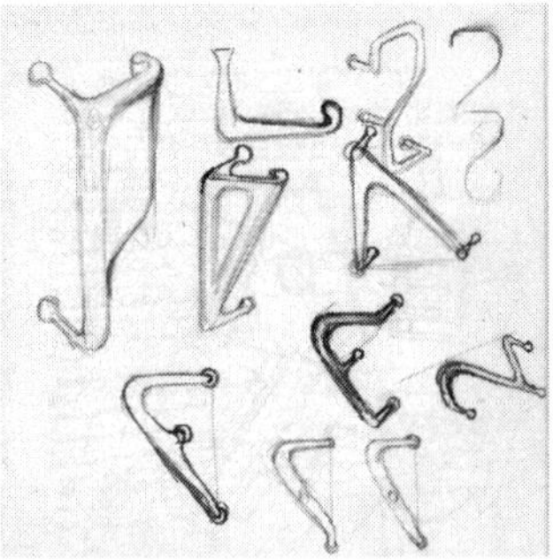

2

1. 유하니 팔라스마
   사진: 크누트 티벡Knut Thyberg
2. 문고리 스케치
   1980년대 후반과 1990년대 초
   팔라스마의 스케치북에서 발췌
   연필과 펠트 펜
   (스케치북 사이즈 225×225㎜)

저술 행위, 건축 디자인, 그리고 건설 사이의 관계 역시 상호 보완적인 부분을 부각하였다. 팔라스마는 건축가로서 진행한 작업처럼, 교육 및 에세이, 평론작업의 궤적 역시 '느리고, 의도적인 표류'라고 설명한다. 하지만 표류라고 하기엔 비평 관점과 글씨기의 과정에 대한 그의 입장은 대단히 확고하며, 실무 건축가가 자신의 생각을 탐구하는 것과 동일한 선상에 있다.

> 나는 예술과 건축, 그리고 삶에 관한 글을 쓸 때, 실제 작업을 하는 건축가이자 동시에 예술 영역에 발을 담고 있는 디자이너 입장에서도 글쓰기를 진행한다. 나는 스케치를 하거나 도면을 작도할 때와 동일한 태도와 똑같은 의도를 가지고, 섣불리 예단하거나 미리 결정해 놓지 않고 열린 마음으로 글을 써 나간다. 도면의 선이 풀려나가며, 반자동적으로 생각, 연관된 것들 그리고 실체화된 기억들의 주름 어딘가에 숨어있던 이미지들이 드러날 때처럼, 문장도 같은 방식으로 떠오른다. 도면과 문장 모두 갑자기 떠오른 느낌들에 어떤 형체를 부여하는 작업이다. 즉, 불확실성과 직관적 확신—직관이란 생각이 떠오른 순간 이미 지향성과 중요성을 획득하게 마련이다—이 형체를 이루지 못하고 복잡하게 얽혀 있는 가운데, 이들을 실체를 가진 것으로 만드는 작업인 것이다. 이러한 작업방식의 자연스러운 결과로, 나한테는 디자인과 에세이가 다르지 않다. 여전히 디자인과 에세이가 인과적으로 연계되어 있지 않은 것 같고, 실제로는 두 개의 평행한 독립적인 산물 혹은 서로 분리된 관찰의 결과처럼 보일지라도 말이다.[1]

이렇게 『건축과 감각』은 분명히 실재하는 건축적 지향성을 가지고 있다. 이 책은 1996년 처음 발간되었고, 2005년 2판이 나왔다. 그리고 지금 3판으로 나오면서 인쇄와 디지털, 두 가지 버전으로 재출간하게 되었다. 실제로 당신은 이 책을 손에 쥐고 볼 수도 있고, 몇 초만에 다운로드하여 LED 스크린에 띄워놓고 읽을 수도 있다. 아이러니하게도, 『건축과 감각』의 초판이 매진된 직후에, 이전의 지하출판samizdat에 비하면 열악하기 그지없는 복사본이 끊임없이 유포되었다.1) 하지만 어떤 것도, 어떤 형태의 현대의 과학기술적 재생산도 이것이 여전히 책이라는 것, 당신의 눈뿐 아니라 손을 위해 쓰여 졌고, 디자인되었으며, 크기와 두께 등의 스케일이 정해진 책이라는 것을 가리지는 못한다. 실제로 이것은 수고스럽게, 그리고 의도적으로 손으로 쓴 책이다. 팔라스마가 직접 설명하듯 많은 초고와 수정안들을 거쳐 진행되었다.

> 나는[...] 디자인과 같은 방식으로 글을 쓴다. 여덟에서 열 편 정도의 원고를 연달아 쓰고, 혹은 손으로 직접 수정을 하고나면 나의 비서가 그것을 타이핑하고 나에게 돌려준다. 나는 그것을 가지고 추가하거나 수정할 내용을 체크할 수 있다. 내 손글씨는 거의 읽을 수 없는 수준이지만, 나는 글자들에 친밀감을 느끼고, 그것들을 내면화시키기 위해 나의 손글씨를 읽는다. 나는 이런 작업을 통해 드러나는 징후와 흔적들의 가치 역시 잘 인식하게 된다.[2]

책 몇 페이지를 읽고 나면, 이 책에 손을 쓰는 것과 관련된 감수성이 있음을 알게 될 것이다. 물리적 형태의, 만질 수 있고, 심지어 관능적이기까지 한 사고와 느낌, 그리고 시간의 압축을 말이다. 이 책을 구입할 때, 빨리 읽고 싶은 마음이 있는지와 상관없이, 또한 이 책의 짧은 분량과 상관없이(한 시간 안에 다 읽을 수도 있을 것이다), 모든 종류의 문학작품이 그러하듯, 『건축과 감각』 또한 당신의 관심을 유지하고, 페이지를 넘기는 시간과 감각을 늦추려는 의도를 숨기지 않는다. 당신은 한번 읽은 후에도 이 책을 반복하고 반복해서 찾게 될 것이다. 이 책을 붙잡고 있는 실제 시간을 늘려가면서.

이 책의 깊이와 지속성은 지적, 역사적, 그리고 문화적 층위를 이루고 있다. 『건축과 감각』과 악수를 나누면서, 당신은 팔라스마의 친구들과 멘토들을 만나게 된다. 그리고, 이 부분은 꼭 밝혀두고 싶은데, 팔라스마와 동반하는 친구와 멘토들

•

1) 기술의 발전이 점점 더 열악한 상태의 책을 유포시키는 것에 대한 모순적 감정을 의미한다.

은 너무도 다양하고 그 행렬은 너무도 길어서, 그 깊이에 빠지거나 방향을 상실하지 않도록 대비해야 한다. 그는 알도 판 아이크Aldo van Eyck의, 지오토Giotto가 500년 전에 죽었음에도 자신은 지오토와의 대화를 계속하고 있다는(!) 주장을 즐겨 인용한다.

> 우리의 가장 중요한 스승은 500년 전에 이미 죽었을 수도 있다. 우리의 진정한 멘토가 필리포 브루넬레스키Filippo Brunelleschi나 피에로 델라 프란체스카Piero della Francesca일 수도 있는 것이다. 모든 진지한 예술가는 그의/그녀의 의식과 무의식의 경계에서 그의/그녀의 작업을 통해 선대의 우수한 동료들에게 인정받고자 한다. 만약 당신이 필리포와 피에로가 당신의 작품을 인정한다고 느낀다면, 당신의 작품에 가치 있는 부분이 분명 있다는 것을 의미한다.[3]

이런 맥락에서, 의심의 여지없이 『건축과 감각』은 북유럽의 건축적 사고에서 선례와 동료, 모두를 찾고 있다. 촉각을 이용하고 우리에게 말을 거는 디테일을 가진 아스플룬트와 알토의 매력에 대해서는 이전부터 언급했지만, 팔라스마에 있어, 아스플룬트에 대한 알토의 묘사(1940년 아스플룬트의 사망에 부친 헌사) 역시 아스플런트에 대해 건축의 '심리학적' 성격을 밝히고 주장했던 근대 건축가로 규정하고 있다는 점에

3
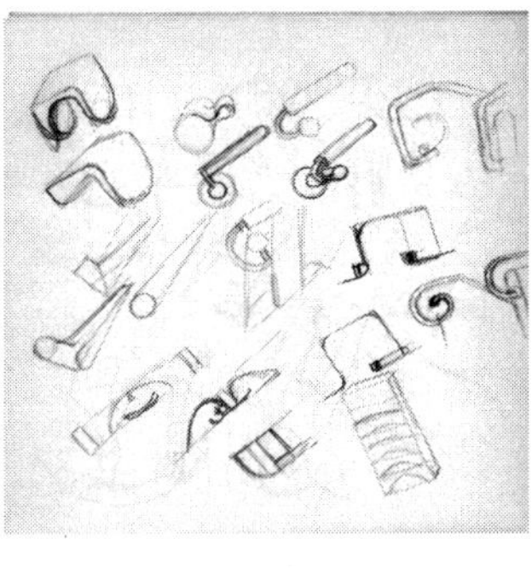

3. 문손잡이 스케치
1980년대 후반과 1990년대 초
팔라스마의 스케치북에서 발췌

서 그만큼 중요한 가치를 지닌다.4 팔라스마는 또한 근대 건축이 인간에 말을 걸고 심리적인 부분에 관심을 가져야 한다고 믿었던 알토의 선견지명을 확인하고 있다. '문제는 합리적 사고로는 충분히 깊게 들어가지 못한다는 것이다. 근대건축의 가장 최근 국면에서, 합리주의적 접근에 저항하기는커녕, 합리주의적 방법론을 기술적 영역으로부터 돌려 인문학과 심리학에까지 적용하는 것을 볼 수 있다'.5 덴마크의 스틴 아일러 라스무센 교수는 1959년에 출간된 건축예술의 체득이라는 이름의 우아한 저작에서 건축의 감각적 자질들에 대한 주장을 창시하였다.6 건축의 진실성에 대한 강조를 담고 있는 이 책에서 팔라스마의 직접적인 핀란드인 멘토들인 아울리스 블룸스테트Aulis Blomstedt (1906-79)와 아르노 루스부오리Aarno Ruusuvuori(1925-92)의 영향을 감지할 수 있다. 이전에 아스플룬트와 공동작업을 했던 시구르트 레베렌츠Sigurd Lewerentz (1885-1975) 역시 이 책의 DNA에 아주 흥미로운 역할을 담당하고 있다. 특히 1960년대에 지어진 그의 후기 작업이 그러한데, 스웨덴 클리판Klippan의 성 베드로 성당과 뷔욕하겐Björkhagen에 있는 성 마가 성당에서 레베렌츠는 벽돌 재료 하나로 다양한 감정을 환기시키고 있다.7 노르웨이학자 크리스티안 노르베르크-슐츠Christian Norberg-Schulz는 실존적이고 현상학적인 주제를 강조하였다. 슐츠는 마틴 하이데거의 철학적 담론을 반영하여 '장소의 존재론an ontology of place'를 도출하였다. 이후 1970년대와 1980년대에 같은 주제 아래 진행한 일련의 저작과 에세이에서 슐츠는 건축의 역사와 가능성들을 검증했다. 팔라스마가 『건축과 감각』에서 제시한 생각은 노르베르크-슐츠의 연구들을 구체적으로 명시하고, 그의 연구에 생명력을 부여했다.8 또한 북유럽권에서 중요한 위치에 있는 스베레 펜Sverre Fehn의 시적인 작업과 생각, 그리고 특성—페르 올라프 펠드Per Olaf Fjeld가 『건축의 사고*The Thought of Construction*』(1984)에서 훌륭하게 요약한 바 있다—역시 팔라스마의

작업과 십년 안쪽의, 가까운 시기에 진행되면서 일정부분 영향을 미쳤다.9

하지만 이 책을 단지 북유럽의 건축적, 지적 혈통 안에만 자리매김하는 것, 즉 '지역주의' 의 관점으로, 단순히 극북(極北) Ultima Thule에서 유래한 작업으로만 팔라스마의 작업을 이해하려는 것은 불공평한 태도이다. 그렇게 단순하게 정의되기에 팔라스마는 너무 박식하고well read, 여러 분야에 대한 경험이 많으며well travelled, 자기의 분야에 대해서도 잘 알고well acquainted 있다. 이 책은 직접 표현은 하지 않지만, 중요한 영국의 건축가이며 교육자인 콜린 세인트 존 윌슨Colin St John Wilson(1922-2007) 케니스 프램튼Kenneth Frampton (1930~)의 영향 역시 담아내고 있다. 두 명 모두 팔라스마의 절친한 친구들로, 핀란드와 북유럽 건축에 대해 친밀감을 가지고 있었고, 그들 각자가 2차 대전 이후의 상황에 대한 인문주의 성향의 지적 결과물을 (그리고 윌슨의 경우에서는 중요한 건축 작품들도) 가지고 있다. 건축에 조예가 깊고, 캠프리지에서 건축학과장을 역임했던 윌슨은, 평생동안 고집스럽게, 그리고 섬세하게 건축에서의 철학적, 윤리적 근거에 대한 주장을 펼쳤다. 이와 병행하여, 윌슨은 근대 건축의 '나머지 다른 한쪽의 전통' 을 지지했다. 즉 알토, 아스플룬트, 레베렌츠, 한스 샤로운 Hans Scharoun (1893-1972), 아일린 그레이(1878-1976)를 기능이나 형태에 대한 도그마적인 정의에 의해 결코 얽매이지 않았던 20세기의 건축가로 규정하면서 그들을 옹호하였다.10 중요한 것은 윌슨이 팔라스마에게 미술평론가였던 스토크스의, 정신분석학을 배경으로 하는 글들을 소개해줬다는 점일 것이다.11 프램튼은 전후 정치적, 경제적, 사회적 사상가들의 집단인 프랑크푸르트학파Frankfurt School에 정통하였고, 이에 영향을 받았다. 이후 그는 근대건축에 있어 고전의 반열에 오른 사학자가 되었으며, 1980년대 초 일련의 중요한 에세이로부터 시작하여 '비판적 지역주의critical regionalism' 의 건축을 위한 의제를 이어갔다. 그 관점에서 보면 알토, 요른 웃손Jørn Utzon(1918-2008), 스베레 펜, 그 외에 다른 이들이 전 세계에서 대지와 문화의 특정성specificity을 입증하였다.[12] 이미 1980년대 내내 이들과 교류했던 팔라스마에게, 이들의 관점은 매우 감성적이고 영향력이 있는 것이었다.

이렇게 지적 발전과 그 원천들이 한데 얽힌 상태에서, 북미의 인사들도 앞서 다룬 이들과 균등한 영향력을 행사하고 있다. 그 중 하나가 오랜 시기동안 쿠퍼 유니언 건축학부의 장을 역임했던 존 헤이덕John Hejduk(1929-2000)이다. 그는 1980년대 초 이미 팔라스마와 친분을 나누고 있었는데, 그 당시 헤이덕은 스베레 펜을 지지하기 시작하던 시기였다. 그들은 건축에 있어 빠질 수 없는 시적인 속성에 대한 이해를 공유했다. 한편 젊은 다니엘 리베스킨트Daniel Libeskind는 그가 크랜부룩 아카데미의 대표직을 역임하던 시기에 팔라스마를 건축 스튜디오로 불러들였다. 그 둘은 서신교환을 시작하면서, 도면들과 수차례의 전시회들, 그리고 상호 지원적인 사적, 공적 관계를 교류했다. 팔라스마가 감사를 표한 바와 같이, 리베스킨트는 그에게 가스통 바슐라르의 책 『공간의 시학*The Poetics of Space-a transformative moment*』를 소개했다.[13]

팔라스마 자신이 서문에 명백히 밝힌 바와 같이, 『건축과 감각』은 1990년대 초 미국의 건축가이자 교육자였던 스티븐 홀(1947-), 멕시코계 캐나다인 학자 알베르토 페레스 고메스(1949-, 처음엔 칼턴대학교Carleton University에 있었고, 나중에는 캐나다 맥길대학교McGill University로 옮겼다.)와의 사이에서 시작되고 공유되었던 상호 관계적 사고들과 관점, 접근방식에 직접적인 기원을 두고 있다. 이들 셋 모두는 현상학적 접근방식에 근거를 두는 건축이라는 야망에 강하게 이끌렸다. 그들에게 건축적 현상학은 당대 건축문화에서 지배적 권위를 행사하던 규칙들에 조용하지만 극적인 대조—예를 들어, 유클리드 기하학의 퇴조, 인간 주체의 탈중심화de-centering of the human suject, 의미의 결정불가능성undecidability of meaning—를 의미했다.

그들이 1991년 핀란드 알바 알토 심포지엄에서 처음 만난 이래로, 홀과 팔라스마는 같은 관점들을 공유해왔다. 현재는 공모전 모토였던 키아스마Kiasma로 알려져 있는, 헬싱키 현대미술관 현상설계 경기에 홀이 당선된 이듬해부터 그 둘은 더 깊은 유대를 나눌 수 있었다.(키아스마라는 단어는 메를로-퐁티의 개념인 교차chiasma의 핀란드식 철자 변형이다.)14 팔라스마는 핀란드에서 홀이 의뢰받은 일을 협력 건축가로서 돕고, 배치계획과 그 건물의 공공 공간 디자인에 기여할 수 있었다. 페레스 고메스 역시 그의 중요한 작업, 『건축 그리고 근대과학의 위기*Architecture and the Crisis of Modern Science*』와 이후의 출간들을 통해 그러한 의제에 대해 깊이 공감하고 팔라스마에 못지않은 열정을 가지고 연구를 진행하였다. 팔라스마는 맥길대학교에서 페레스 고메스가 건축사 및 이론 전공 박사과정을 운영할 때 정기적인 토론자이자 참석자였다.15

이러한 현상학적 근거 위에서 20세기의 *필로조프philoshophes* 2) 들인 가스통 바슐라르(1884-1962)와 모리스 메를로-퐁티 (1908-1961)의 작업들은, (보다 순전한 시적 영감을 가진 라이너 마리아 릴케(1875-1926), 요세프 브로드스키Joseph Brodsky(1940-96), 그리고 호르헤 루이스 보르헤스(1899-1986)와 더불어)16 이색적이다. 팔라스마는 그의 강의와 글 속에서 바슐라르와 메를로-퐁티에 많은 빚을 지고 있음을 순순히 인정하고 있다. 특히 바슐라르의 '어떤 종류의 자

•

2) 필로조프는 원래 18세기 프랑스 계몽사상가들이 자신들을 일컬을 때 쓰던 표현이다. 필로조프는 프랑스어로 철학자를 의미하지만 사회적 참여와 인간이성의 우위 및 유효성에 대한 신념과 같은 부분에서 고유한 특징을 가진다. 여기서는 바슐라르와 메를로-퐁티의 고유한 특성과 위상을 드러내기 위해 사용되고 있다.
(참조 : 브리태니커 온라인)

4

5

4. 왼쪽부터 팔라스마, 페레스-고메스, 스티븐 홀
   스티븐 홀의 사무소에서 1994년, *지각의 문제들*로 협력할 당시
5. 도서관/회의실, 유하니 팔라스마 건축사무소, 헬싱키
   사진 : 라우노 트뢰스켈린

철석a kind of lodestone' 이라는 글과, 메를로-퐁티의 '영감을 주는 열린 결말과 낙관inspiringly open-ended and optimistic' 은 많은 영향을 미쳤다.

이렇게 켜켜이 쌓인 유산들에도 불구하고, 『건축과 감각』은 단 하나의 지적이면서 가슴에 깊은 울림을 남기는 에세이로서 가장 먼저 마음속에 그려지는 작품이다. 하지만 팔라스마는 이에 관련된 더 심화된 저작, 『생각하는 손*The Thinking Hand*』과 『체화된 이미지*The Embodied Image*』 두 권을 더 내놓았다.17 지금 이글을 읽고 두 권의 책 앞으로 이끌릴 수도 있지만, 사실 『건축과 감각』은 그 자체로 완결성을 가지고 있는 책이다. 또한 당신이 마음만 먹는다면, 확장된 참고문헌들이 있는 환상적 도서관으로 들어갈 수 있다. 그곳에서 당신은 본문에서 환기하고 명기하는 건축적 장소들과 예술작품을 포괄하는 더 넓은 세계에 대한 명칭과 추천사항을 확인할 수 있을 뿐만 아니라 이것이 '그 자체로 완결성을 가진' 텍스트임을 알 수 있을 것이다. 사실 선별된 이미지들과 많은 각주들조차도 팔라스마가 그만의 도서관으로부터 이끌어내는 방대한 참고자료들에 비하면 무색할 지경이다.

사실, 그 도서관은 실재하는 공간이다. 헬싱키에 있는 그의 사무실을 방문하는 많은 이들에게 가운데 방이 그 도서관이다. 이곳은 회의, 오락 및 지적, 시각적 참고자료를 위한 주된 장소이다. 많은 건축가들이 그렇듯 팔라스마도 애서가bibliophile인지라, 도서관에 줄지어 있는 서가는 지금은 입구 복도에까지 확장되고, 사무실의 나머지 스튜디오로까지 늘어나게 되었다. 도서관의 주 테이블에는 언제나 새로 들어온 책 한 무더기가 있는데, 그 옆에는 지금 진행하고 있는 에세이와 강의 준비를 위한 참고 서적이 또 몇 무더기의 탑을 이루고 있다. 이 도서관의 목록을 정리하는 것은 시지프스의 노동과 같아서, 결코 완수 될 수 없는 성질의 것이다. 목록정리는 종종 사무실 신참을 위한 몸풀기 작업이 되곤 했는데, 이 때 마다 목록분류

체계에 대한 강도 높은 회의가 따라붙었다. 팔라스마에게 있어 도서관 선반을 정리하는 것은, (지식인이면서 동시에 아마추어 건축가였던) 토마스 제퍼슨Thomas Jefferson과 마찬가지로, 지식의 질서에 대한 재 개념화re-conceptualisation를 요구하는 것이었다.

> 나이 마흔이 될 때까지는, 나는 책을 두 가지 범주로 나누고는 했다. 건축서적 및 비 건축서적. 그러고나서보니 나의 건축 카테고리의 대부분이 미학적 형식주의의 차원에서 건축을 다루고 있는 책으로 채워진 반면 비건축 서적에는 삶과 인간의 특성과 통합되어 있는 도시와 건물, 환경에 대한 책들이 포함되어 있다는 것을 깨닫게 되었다. 지난 30년 동안, 나는 모든 책을 건축서적으로 보게 되었다. 인간의 모든 상황들, 역사, 허구의 이야기들, 행동과 생각들이 인간의 건설과 인간이 만든 가공품에 의해 틀이 만들어지기 때문이다. 우리의 공간적, 물질적, 정신적 구축행위들은 본질적인 이해의 지평을 제공한다. 나는 잠재적이고 건축적인 비례감을 유지하기 위해 시를 읽고, 음악을 들으며, 회화를 감상하고 영화를 본다.[18]

그러나 이는 도서관 수도실 안에서 성 히에로니무스St Jerome가 느꼈던 고독과는 거리가 있다.[3] 팔라스마의 도서관은 1994년—대략적으로 『건축과 감각』에 대한 구상과 집필 작업이 진행되었던 시기—이래로 핀란드의 학계, 예술계, 문화계를 횡단하며 구성된 대화 그룹의 집결장소가 되어 왔다. 그룹에는 '시인, 문화사가, 연극연출가, 작곡가, 드라마투르기

3) 성 히에로니무스(349-429). 성 제롬, 성 예로니모라고도 한다. 암브로시우스, 그레고리우스 ,아우구스티누스와 함께 4대 교부 중 한 사람으로 그 중 가장 학식이 높은 인물로 평가 받는다. 성경을 라틴어로 번역하였다.(불가타역) 회화에서는 흔히 상체를 벗은 은수자로서 펜을 들고 저술에 몰두하거나 돌로 가슴을 치는 모습으로 표현된다. 상징물은 십자가, 해골, 모래시계, 책, 두루마리 이며, 뛰어난 학식으로 도서관원, 학자, 번역가, 서적상, 순례자의 수호성인이다. (참조 : 위키피디아 한국어판, 브리태니커 온라인) 여기서는 루카 치암벨라노Luca Ciamberlano의 판화작품 「*고독하게 죽는 성 히에로니무스St. Jerome dying in solitude*」(1614)를 참고하는 것이 정서를 이해하는데 도움을 줄 것이다.

dramaturge 4], 화가, 사진가 가 각각 한명씩, 문학평론가 두 명' 이 포함되어 있다.19 여기서 다시 포괄성이 강력한 효과를 발휘한다. 팔라스마의 열망은 지식과 관점의 여러 층위와 그들 사이의 상호관계를 보고자 하는데 있다.

그러고 나서 『건축과 감각』을 일종의 초대, 즉 그의 도서관으로의, 이 대화그룹으로 두 팔 벌려 우리를 부르는 초청장으로 생각해보자. 이리 오라 손짓하고 역사와 문화의 확장된 영토를 가리키는, 우리에게 힘을 북돋워 주는 손으로 생각해도 좋다. 이 역시 『건축과 감각』의 또 다른 야망이다. 건축이 고려해야 되는 사항들을 책임감 있게responsibly (그리고 반응을 불러일으키게responsively) 보다 넓은 문화적 영역에 위치시키고 자리 잡게 하는 것, 이와 동시에 독자 역시 그렇게 더 커진 문화와 관계를 맺게 만드는 것이 야망의 구체적 내용들이다. 이 책이 번역을 필요로 하지 않는 하나의 대화, 하나의 독해라는 점 역시 중요하게 생각해 볼 수 있다. 그가 영어를 주로 쓰는 청중을 위해 의뢰받은 다른 모든 작업들과 마찬가지로, 팔라스마는 『건축과 감각』을 처음부터 영어로 집필하였다. 그는 제 2의 천성인 듯 유창하게 적어나간다. 그리고 그 사이에 에세이의 톤은 분석적인 것에서 상황적인 것으로, 다시 선언적인 것으로 바뀌어 나가는데, 이는 작가가 처음에 말했던 그대로의 언어가 유지되는 상태에서 이루어지는 변화이다.

●

4) 희극론, 연극론 , 연극술, 연출법, 극평, 극작론, 각본 작법등을 말한다. 최초로 드라마투르기의 원리와 법칙을 세운 것은 아리스토텔레스의 「시학」이었다. 그는 여기서 주인공의 계층조건, 삼일치법, 운명극, 성격극, 파국 등을 중심으로 비극의 본질과 규범, 기술방법과 표현방법이 표현되어있다. 독립적인 학문으로서 뿐만 아니라 연극 연출에서 구체적인 역할을 의미하기도 한다. 드라마투르기가 하는 역할은 작품과 극작술 사이에서의 차이를 조율하여 작가나 연출가의 의도가 작품 속에서 잘 드러날 수 있도록 조언을 해주는 것이다. 그러므로 작가와 연출가가 동일할수록 드라마투르기의 필요성은 더욱 크다. (참조 : 김광요, 박진권, 황성근, 『드라마사전』, 문예림, 2010. /발췌 : 역자와 극연출가 / 인터뷰 : 연출가 송갑석과의 서면 질의)

6. 의자 스케치, 1990년대
팔라스마의 스케치북에서 발췌
연필과 펠트펜

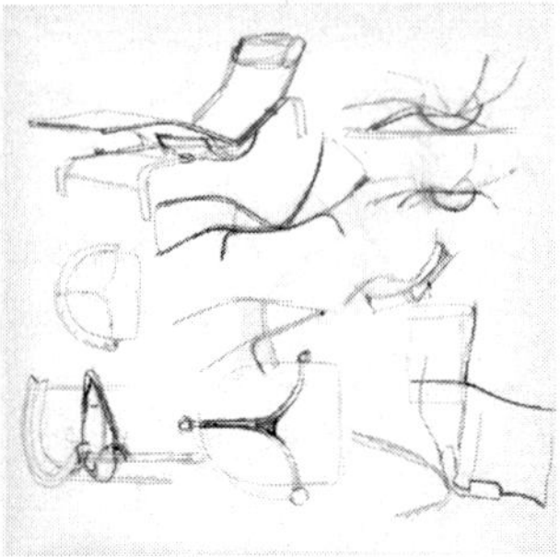

6

이 책은 당신을 위한 또 다른 손의 속성manuality을 모두 가지고 있을 지도 모른다. 프란츠 카프카Franz kafka는 도발적으로 주장했다. '책은 우리의 영혼 안쪽에 얼어붙은 바다를 깨는 쇄빙도끼가 되어야 한다.' 20 『건축과 감각』의 저자는 아마도 하나의 은유로서 보다 부드러운 도구, 하지만 변화를 초래하는 에너지와 의도, 충격은 고스란히 유지하는 그러한 도구를 제안 한 것일 수도 있다. 20세기 핀란드 장편소설 『북극성 아래에서*Under the North Star*』의 첫 문장은 문화적, 지리적으로 병행되며 서로에게 공명하려는 야망의 소리로 시작한다. '태초에 늪과 괭이, 그리고 유씨Jussi[유하니의 약칭]가 있었다!' 21 팔라스마는 언제나 밀란 쿤데라Milan Kundera의 규칙－작가는 언제나 이상적인 독자를 향해 글을 쓰지만 동시에 그 자신을 향하여 쓴다－과 함께 글을 쓴다. 그러므로 팔라스마의 작업에는 진실된 낙관주의와 정직한 단순명쾌함이 있다.22 이는 팔라스마의 작업이 그에게 건축적으로, 철학적으로, 그리고 문화적으로 중요한 이슈들을 명확한 것으로 만들기 위한 것임을 시사한다. 즉 자신의 작업이 다른 이들에게 도움이 되리라는 희망을 이어가면서, 문제들의 늪을 깨끗이 치우고 일궈 낸 후, 결국에는 그 문제에 대해 그 자신의 말로 의견을 낼 수 있도록 하기 위해 작업을 진행하는 것이다.

예술과 건축을 통한 자아정체성의 탐구와 강화에 대한 강조는 팔라스마의 에세이와 강연과 교육, 그리고 디자인 작업 모두에서 다루어지는 주제이다. 『건축과 감각』은 완전히 체화된 감각의 건축에 대한 주장을 통해 이 주제를 증폭시킨다. 하지만 자아정체성에 대한 탐색은 자기만을 중시하는 자기표현이 아니다. 정확히는 정반대의 것이다. 더 일반적이고 필수적인-조화로운 건축을 위한 과제 역시 궁극적으로는 건축가의 시적이며, 개인적이고 사회적인 책임으로 규정된다. 팔라스마는 건축의 과제에 대한 고민이 없으면 안된다고 여러 차례, 다양한 방법으로 말해왔다. 그럼에도 이에 대한 요구는 변함이 없다. '건축가의 과제는 우리가 살고 있는 세계의 본질을 분명히 하고 이를 표현하는 것이며 우리로 하여금 그 세계 속에 거주하도록 하는 것이다.' 23

조리개Apertures 5)

팔라스마는 이제 75세가 되었다. 그리고 최근에는 활동적인 디자인 업무로부터는 은퇴하고 저술과 강연, 교육에 힘을 집중하겠노라 선언했다. 북유럽 국가들의 건축 사회에서, 그리고 유럽과 북미에서 핀란드 건축의 동인(動因)을 지지하는 그 만큼의 사람들에게 있어, 그는 상징적인 인물이다. 그럼에도 역설적으로 그는 현시점에 이르러서도 적절하게 드러나거나 사람들 입에 오르내린 적이 없다. 1996년 『건축과 감각』의 출간과 반응이 그에게 더 많은 건축적 기회를 준 것은 확실하다. 그리고 팔라스마는 핀란드 바깥에서 거의 20년 동안 인정사정 없는 스케줄로 강연과 교육 일정을 소화해 왔다. (이는 그가 재즈의 명인들과 더불어 존경하는 음악가들인 머디 워터스 Muddy Waters, 비비 킹BB King, 척 베리Chuck Berry의 전설적인 투어에나 비견될 만한 페이스였다.) 하지만 그가 지난 4년 동

●

5) 팔라스마의 삶을 엿볼 수 있는 조리개라는 차원에서 이러한 소제목이 붙었다.

안 그의 좋은 친구인 호주 건축가 글렌 머킷(1936-)과 함께 프리츠커상 위원회에 속해 있었다는 것은 거의 알려지지도, 논의되지도 않은 사실이다.

팔라스마가 하나의 '현상' 으로 받아들여지고 있을 동안, 그가 고향에서 30년 넘게 핀란드 건축 문화에서 이뤄 온 책임감 있는 위치와 놀라운 작품 생산만으로는 팔라스마에 대한 적절한 설명이 되지 못한다. 그는 놀랍도록 다재다능하고, 상호보완적인 역할을 수행하는 삶을 살아 왔다. 그는 다양한 역할 속에서 프로테우스6) 같이 변화무쌍한 지성의 힘과 친밀한 건축을 만들기 위한 강도 높은 헌신을 병행하였다.

팔라스마의 삶의 실체를 묘사하는 기하학적 형태를 설정하라면 원이 될 것이다. 끊임없이 확장하는 환경의 경계perimeter이면서도 항상 그의 고향의 중심점에 대한 참조, 그리고 *집home*이라는 것에 대한 참조를 잃지 않는다는 점에서 그렇다. '시각예술에서는 일반적으로, 특히 건축에서는 기본적 형태가 지배한다. 예를 들어 원은 자아의 상징이다. 마음psyche의 모든 차원을 표현하며, 인간의 본성적인 관계들을 포함한다.' 24 집은 기원이 되는 지점으로, 건물로서의 집house과 풍경이 서로 친밀한 거주를 의미한다. 집은 팔라스마의 작업과 사고에 있어, 심리학적 토대이자 은유적 묘사로서 기능한다. 그와 동시에 자신의 훈육과정과 문화적 배경에 대하여 깊이 의식하면서 그는 핀란드 너머의 세계로 지식의 깊이와 폭을 넓혀갔고, 보다 심오하게 예술과 건축을 이해할 수 있게 되었다. 팔라스마의 환경이라는 원에 대한 윤곽을 잡기위해, 그의 일생에서 골라낸 몇몇 순간들을 바라보고 있는 조리개를 살펴보는 것이 가장 나을 듯싶다.

팔라스마는 1936년 2차대전 직전 핀란드에서 태어났다. 어

•

6) 그리스 신화의 바다의 신 포세이돈의 하인 아자라시를 지킨다. 그는 예언력과 자신의 모습을 자유롭게 바꾸는 능력이 있었다.

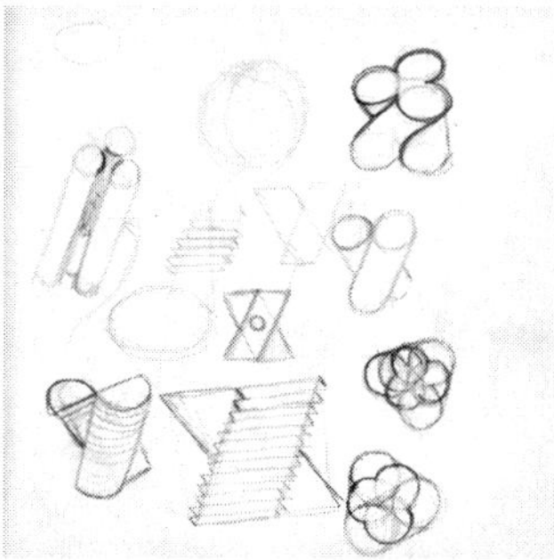

7

7. 조명 스케치,
1980년대 말~1990년대 초
팔라스마의 스케치북에서 발췌
연필과 펠트펜

렸을 때 외할아버지 농장으로 보내졌는데, 그 농장은 긴 전쟁 기간 동안에도 안전했던 핀란드 중앙 평원에 있었다. 팔라스마는 군인 활동을 하던 아버지와 대 여섯 달에 한 번 볼 수 있었다. 할아버지와 농장의 활력은 그의 삶 한가운데로 들어갔고 그 곳에서 소년 팔라스마는 단순한 것들의 가치를 알게 되었다.

> 나는 집들이 여기저기 흩어져 있는 마을에서 유일한 소년이었다. 나는 끝나지 않을 것만 같은 긴 하루를 보내야 했는데, 주로 집 주변이나 숲 근처에서 소일거리를 만들어 내거나 연로하지만 현명했던 나의 할아버지가 하는 여러 가지 일들을 지켜보는 것이 일과였다. 나는 할아버지의 근면함을 존경했다. 그의 다채로운 기술들과 자기 확신을 존경했다. 할아버지에게 불가능한 일은 없어 보였다 ... 누군가가 할아버지께 '당신 이거 할 수 있어요?' 라고 질문하는 상황은 기억이 나지 않는다. 필요한 모든 기술을 익히는 것은 농장생활에서는 일종의 자기증명이었다. 농부의 기술들은 독서를 통해 얻어지는 이론적 지식이 아니다. 그것들은 관찰과 모방을 통해 근육으로 기억하고 습득할 수 있는, 즉 체화되고 촉각을 이용하는 지혜 내지는 기술이다...나는 더 이상 할아버지 댁 거실의 널빤지로 만들어진 테이블의 정확한 그림을 그릴 수는 없지만, 여전히 내 자신이 그 옆에 앉아서, 시골오두막의 중심점이 된 테이블을 다시 체험할 수는 있다. 그리고, 그 테이블이 집안사람들과 이따금씩 찾아오는 방문자의 힘을 한데 모으는 것을 상상할 수는 있다.[25]

이 집안사람들과 그 집의 본질적인 경험은 팔라스마의 마음속 깊이 새겨졌다.

> 여덟 채의 집에서 살아왔음에도 불구하고, 경험적 차원에서의 집이라고 할 수 있는 것은 어렸을 때 살았던 집이 유일하다. 아무래도 그 집은 나와 같이 여행을 떠나는 것 같다. 그리하여, 우리가 이동할 때 마다 끊임없이 새로운 물리적 형체로 변형되는 듯싶다.[26]

> 나는 그 집에 대한 감각을 생생하게 기억해 낼 수 있다.7) 추운 겨울 저녁의 어두움 속에서 스키 여행 후, 집으로 돌아가던 느낌으로 그 집은 선명하게 남아있다. 그 집에 대한 어떤 경험도, 어두운 겨울 풍경 속에서 조명이 들어온 창문을 보았을 때, 그리고 얼어붙은 팔다리를 덥히는 온기가 우리를 끌어들이던 느낌에 대한 감각보다 강렬할 수는 없다.[27]

2차 대전 시기 핀란드의 어려운 결정8)을 따라, 팔라스마의 가족은 헬싱키로 돌아왔다. 팔라스마가 말하듯, 그의 친할아버지는 예술적 방향으로 분명한 영향을 미쳤다.

> 열 네 살 때, 나는 친할아버지로부터 상당량의 유화물감과 도구들을 물려받았다. 전쟁이 끝나고 전반적으로 가난했던 시기였음을 상기해보면 이는 사치스러운 느낌이 있었다. 그 물감과 도구들로 인해 회화나 그림에 대한 나의 관심이 강화된 것은 분명하다. 나는 아이였을 때부터 이미 집요하게 그림을 그려왔다. 예술가로서 생계를 꾸리는 것이 얼마나 어려운지 내가 알지 못했더라면, 나는 화가가 될 수도 있었을 것이다...[28]

●

7) 유사한 상황에 대한 기술이 제 2장 촉각의 형체 마지막 부분에도 있다.

8) 핀란드는 복잡한 지정학적 요인들로 인해 상당히 고단한 2차 대전의 과정을 거치게 된다. 1939년 가을 소련의 상호원조조약과 영토할양 요구를 거절하면서 1차 핀란드-소련 전쟁이 발발했으나 3개월 여가 지난 후 핀란드는 패전했고 상당한 영토를 소련에 넘겨주게 되었다. 독일 히틀러에 의해 2차 세계 대전이 발발하자, 독일군의 지원으로 잃어버린 영토를 되찾기 위해 독일군과 손을 잡고 소련을 공격했다. 그러나 1944년 연이은 독일군의 패퇴로 소련군이 국경선 근처까지 진군하자 이번에는 소련과 강화를 맺고 독일군과 교전을 벌였다. 2차 세계 대전 이후 핀란드는 영세중립국으로 소련의 공산화의 위협으로 스스로를 보호하였다.

17세 교환학생의 신분으로, 팔라스마는 야심차게 여행을 다녔다. 그것도 혼자서. 처음에는 그가 있었던 헬싱키로부터 보트를 타고 핀란드만을 건너 스톡홀름으로 갔다. 그곳에서 팔라스마는 상점의 창문 너머로 생전 처음 텔레비전을 보았다. 그러고 나서 결과적으로는 대서양을 건너 미국으로 건너와, 핀란드와 유사한, 평평하고 얼어붙은 풍경을 가지고 있던 미니애폴리스로 이동하여 1년간 미국 고등학교에서 학생신분으로 지내게 되었다. 그곳에서 팔라스마는 그 자체가 미국이라고 할 수 있는 물질과 정신의 모순을 경험하기도 했지만, 크로스컨트리 스키 경주로 주 챔피언이 되고, 학교에서는 지터벅 댄스로 상을 받기도 했다. 이 미국 방문이 그의 많은 미국 방문 중 처음의 것이다. 사실, 팔라스마는 핀란드 바깥에서는 다른 어떤 나라보다도 미국에서 더 많은 시간을 보냈다.

핀란드로 돌아와서, 팔라스마는 당시 헬싱키 기술학교Helsinki Institute of Technology의 건축학부에 지원했다. 팔라스마가 지원했을 때에는 그 학교는 헬싱키 불러바르디Bulevardi거리의 서쪽 끝 히에탈라덴토리Hietalahdentori 위에 거대한 신고전주의 건물 안에 있었다. (나중에 헬싱키 공과대학Helsinki university of Technology이라고 부르게 될, 알토가 디자인한 에스푸의 오타니에미Otaniemi 캠퍼스는 아직 공사 중이었다.) 2차 대전 이후 경제 긴축정책으로 특징되는 시기에, 그는 먼저, 건축학부의 복도를 장식하고 있던 엘리엘 사리넨의 투시도 드로잉 원본에 매료되었던 것을 회상한다.

> 1957년 내가 기술학교 건축학부에 합격했을 때, 새롭고 다른 세계, 즉 예술적 사상과 미적 세계로 진입을 허가 받았다는 생각에 누릴 수 있는 최고의 특권을 누리는 듯한 기분이 들었다. 나는 내 손기술이 직업이나 생계수단이 될 수 있으리라 생각해본 적이 없었다. 그때의 나는 건축이 세계를 의미 있게 경험하도록 해주는 정신적 상태라고 이해하고 있었다. 건축학부의 복도 중 하나를 따라 걸린 엘리엘 사리넨의 드로잉 원본을 보게 되면 누구나 자신의 영혼 속에서 불이 하나 지펴 오르는 것을 느낄 수 있다. 이

8

9

렇게 배움learning은 불타는burning 열망이 되었고, 학습이 전후의 결핍 속에서 상상력을 위한 자양분이 되었다.[29]

대학을 졸업한 젊은 건축가로서, 1950년대 말과 60년대 초 핀란드의 합리주의자 아울리스 블룸스테트와 아르노 루스부오리의 후견 아래에서 얻은 배움으로부터 이제 막 벗어나, 팔라스마와 그의 동급생은 알바 알토의 '오크 나무' 형상에 의해 지배되고 있던 당대의 건축문화에서, 그리고 좀 더 큰 맥락에서는 1968년 파리의 5월 혁명을 둘러싼 시간 속에서, 그들의 정체성과 직업적 소임을 이해하고자 하였다.

강한 대립이 '합리주의' 학파와 알토의 '아카데미'에 속한 사람들 사이에 있었다. 그러나 이러한 긴장들은 알토 세대 안에서 시작하였다. 또한 1960년대의 이상적이고 민주적인 분위기에서는 허용될 수 없는, 알토의 페르소나와 천재성에 대한 수많은 이념적인 극장theater [9])들 역시 존재했다...우리는 사회적 의식을 강하게 가지고 있었을 뿐만 아니라, 보편적이고, 익명성을 가지고 있으며, 국제적이고 민주적인, 모두를 위한 건축이 실제 한다고 믿고 있었다. 우리 중 누구도 어떤 정당에 속해 있지는 않았지만, 우리는 정치 지향적인 이상주의를 드러냈다. 우리는 건축이 많은 사회적 정치적 문제들에 답을 가지고 있다는 것을 믿어 의심치 않았다.[30]

8. 건초 만드는 날에 할아버지의 농장에 있는 팔라스마.
세 살 짜리 소년 팔라스마가 부모님 앞에 서있고, 뒤쪽에 그의 할아버지가 말이 끄는 건초 갈퀴 위에 앉아 있다.
9. 모듈리 225 Moduli 225, 산업화된 여름별장 시스템.
팔라스마와 크리스티안 글릭센Kristian Gullichsen, 1968-72
첫 번째 실험주택, 핀란드, 킨카모Kinkamo
사진 : 카이 린드홀름Kaj Lindholm

●

9) 여기서는 프란시스 베이컨의 우상idol 개념중 기존의 학문적 체계를 맹신하면서 발생하는 극장의 우상idols of theater의 개념으로 극장이라는 용어가 사용되고 있다.

자기 목소리를 내는 젊은 건축가였던 팔라스마는 디자인에서의 합리적 사고의 중요성을 옹호하였다. 정보와 기술의 중요성을 강조하고 관료주의가 과도해지던 당시 상황을 배격하였다. 그 시기 팔라스마는 이렇게 이야기 했다. '디자인은 개인의 감독과 직관이 아닌, 집단에 의한 방법론적 제어로 바뀌고 있다. 서로 떨어진 대지의 디자인에서 일반적인 체계와 구조로, 불변의, 궁극적인 디자인으로부터 처분할 수 있고disposable 변화하는changing, 그리고 변화를 줄 수 있는variable 디자인으로 옮겨 가고 있는 것이다.' 31 당시의 팔라스마에게 건축은, '신비로운 공간의 속성' 이 아니라 '체계성organization, 즉 사실들의 배열이었다. 실지로, "아름다운beautiful" 이라는 단어는 "옳은right" 으로 대체되어야만하며 그렇게 되고나면 예술이 "옳음" 을 행하는 기술이 된다.' 32라고 생각했다. 이후 여기서 사용된 단어들은 전적으로 다른 의미들을 팔라스마에게 뜻하게 된다. 1969년, 그의 나이 서른셋에, 팔라스마는 헬싱키 산업예술학교Institute of Industrial Arts in Helsinki의 학장으로 임명되었다. 일련의 학교 소요에 이후, 1,300명 학생들이 직접 선출한 자리였다. 이 권위 있는 자리에서 그가 취한 첫 행동은 핀란드 철강 노동자들의 파업을 지지하는 학생들의 연대 모임에서의 발언이었다.

그럼에도 1970년대 초, 그의 재임기간 이후에, 팔라스마는 아프리카, 그중에서도 에티오피아로 떠났다. 그는 아디스 아베바에 있는 하일레 셀라시에 1세 대학Haile Selassie I University의 건축과 교수직을 2년 넘게 수행하였다. 그 기간은 자진해서 치르는 정치적 망명기간 중 하나였고, 이때 그는 건축가로서의 성숙도를 높일 수 있었다. 합리주의적 디자인과 기술, 건설 표준화가 건축을 구원하리라는 그의 이상주의적 믿음은 핀란드에서는 이미 건설업계의 전매로 인해, 업체들이 건설 프로세스를 야수와 같이 장악 하면서 그 환상이 깨진 상태였다. 주택 공급이 긴급히 필요한 상황에서 조립식의 대량생산에 의한 제어가 품질과, 건축을 인간적인 것으로 만드는 구성물에 대한 비극적인 배제로 귀결되고 있음을 그는 관찰하였다. 아프리카에서, 팔라스마는 건축이 사회적 구성물이라는 것의 의미를 재발견했다. 거기에 더하여 팔라스마는 엄청나게 다른 문화적 기술적 환경 아래에서 건축적 의뢰들을 풀어내는 데 작은 스케일의 모듈러 시스템이 유리하다는 것도 알게 되었다.

이 경험은 팔라스마의 문화적, 환경적, 심리적 요소들에 대한 이해를 활성화시키면서, 건축 철학을 발전시키는데 있어 촉매 역할을 하였다.

1970년대 초 에티오피아에서의 경험은 합리성에 대한 확신, 기술과 보편적인 생각들이 의심할 여지없는 혜택을 가져다주리라는 확신이 환상이었음을 알게 해주었다. 나는 인류학적이고, 구조주의적이며, 종국에는 정신

10 

10. 150명의 나환자의 정착을 위한 프로토타입 주택
팔라스마와 하일레 셀라시에 1세 대학에 있던 그의 학생이 디자인과 감독을 담당했다. 1972-4
이 프로젝트는 국제 적십자에 의해 자금이 조달되었다
사진 : 유하니 팔라스마

분석적인 글쓰기들에 관심을 가지게 되었다. 에리히 프롬Erich Fromm과 헤르베르트 마르쿠제Herbert Marcuse의 글쓰기는 특히 중요하다. 내가 집단의 정신적 현상의 본질을 이해하게 해주었기 때문이다. 안톤 에렌츠바이크Anton Ehrenzweig의 예술적 창조성과 경험에 관한 두 책[10]이 나의 사고방법에 가장 중요한 충격을 주지 않았나 싶다.[33]

이러한 독서와 더불어 아프리카에서의 경험은 팔라스마의 의식 안에서 깊은 울림을 만들어 냈다. 그리고 그 경험은 전형archetypes과 꿈, 그리고 기억들이 예술과 건축에서 가능한 역할에 대한 인식을 일깨웠다. 아프리카 대륙의 다양한 문화적 경험들이, 지적으로나 감성적으로, 이후의 팔라스마의 글과 강연에 부정할 수 없는 영향을 남겼다.

팔라스마가 1970년 중반 핀란드로 돌아왔을 즈음 그의 생각을 지배한 것은, 공간 지각과 시각예술의 심리학적, 생물학적 토대에 대한 관심이었다. 그는 핀란드 건축박물관 Museum of Finnish Architecture의 전시 디렉터로서 수많은 기획전시의 디자인들을 통해 아프리카의 경험을 살려 그 효과를 명확히 표현할 수 있는 충분한 기회를 가질 수 있었다. 이후 5년 동안 팔라스마는 박물관의 디렉터로 박물관의 활동을 국제적인 것으로 만들었다. 그는 안도 다다오(1941-), 알바로 시자Àlvaro Siza(1933-), 다니엘 리베스킨트(1946-), 그리고 미국의 건축 드로잉에 관한 전시를 하면서 박물관의 문화적 외연을 확대하려는 시도를 계속하였다. 애버커스*Abacus*이라는 이름의 도서관 연감은 국내, 국외를 포괄하는 건축적 이슈의 검증을 위한 토

•

10) 에렌츠바이크의 주요 저서 두 권은 다음과 같다.

Anton Ehrenzweig, *The Psycho-analysis of Artistic Vision and Hearing: An Introduction to a Theory of Unconscious Perception*, preface: University of California Press, 1965. Anton Ehrenzweig, The Hidden Order of Art, preface: University of California Press , 1967

론의 장이 되었다. 팔라스마가 연감에 직접 기고한 내용들은 그의 인류학적이고, 언어적이고 심리학적인 이슈들에 대한 인식이 성장하고 있음을 보이고 있다. '건축적인 경험 중 무의식적으로 유발되는 심층 구조deep structure는 연상과 기억을 의미한다. 이 연상과 기억은 어린 시절의, 공간 속 운동에 의해 생기는spatiokinetic 경험과 집단적인 원형들과 연결되어 있다.' 34

팔라스마는 1983년 박물관을 떠나, 점점 더 많은 숫자의 독립적 디자인 프로젝트에 이러한 생각들을 실험하였다. 맨 처음에는 그 자신의 아파트였다. 그리고 그에 이어 마리메코Marimekko를 위하여 철저한 디테일의 디자인을 제안하고, 이후 로바니에미 미술관 설계를 진행하였다. 1980년대의 이러한 프로젝트들은 전시 디자인으로부터 나온 원칙들이 확장된 것들이었다. 시작부터 그의 작업은 시각보다는 촉각을 이용하는 부분이 강조되었다. 문고리부터 시작해서, 부드럽게 다듬어진 모서리와 재료, 표면, 빛, 그리고 공간에 대한 고려는 두 가지 요소, 즉 물질적 감수성과 정리된 비례감 모두로 가득 차 있다. 1986년, 의뢰받은 디자인을 치열하게 수행하던 와중에, 팔라스마는 알토의 유명한 언술을 인용하는 것으로 그의 사고가 변화하고 있음을 확인하였다. 알토의 언술은 근대 건축의 합리주의적 태도rationalisation의 문제와 새로운 방향조차 이를 벗어나지 못하는 당시 상황에 대한 것이었다. '문제는 합리적 사고로는 충분히 깊게 들어가지 못한다는 것이다. 근대건축의 가장 최근 국면에서, 합리주의적 접근에 저항하기는커녕, 합리주의적 방법론을 기술적 영역으로부터 돌려 인문학과 심리학에까지 적용하는 것을 볼 수 있다.' 35 그 당시 팔라스마가 강연이나 에세이에서 알토를 인용한 것은 '합리주의적 접근'에 대해 그 자신의 고유한 의미를 확장하여 그 자신만의 의도를 선언하는 단계에 이르렀음을 시사하고 있다.

실지로, 팔라스마는 1985년 '느낌의 기하학The Geometry of

Feeling' 라는 제목의 에세이를 「아키테티*Arkkitehti, the Finnish Architectural Review*」 저널에 기고했다. (나중에 「아키텍처럴 리뷰*The Architectural Review*」 지는 영어 완역본을 재출간했다.)36 그가 묘사하듯 '이 에세이를 쓰는 동안, 나는 철학적 질문과 같은 선상에서 현상학을 인식할 수 있었다. 그러고 나서 나는 이 에세이의 철학적 접근 방식에 근거한 짧은 챕터 하나를 덧붙였다.' 37 그러나 그러한 잠정적 초기상태는 이내 그 깊이와 폭을 더해갔다.

1990년대 초, 더 많은 그리고 더 큰 프로젝트들을 맡게 되고, 사무실 직원이 늘어나면서, 팔라스마는 헬싱키 공과대학Helsinki University of Technology에서 처음엔 (건축 기초과정) 교수로, 그 다음에는 건축학부의 장으로 임명되었다. 모교로의 임명은, 멘토였던 블룸스테트와 루스부오리의 학문적 계통이 그 제자에 의해 공명하게 된 것에 더불어, 학교 커리큘럼에서 이론적 관점을 강화하고, 동시에 이러한 시학적인 고려들을 건물의 구체적인 측면에 반영할 수 있는 플랫폼을 제공했다는 점에서 더욱 중요했다. 팔라스마는 건축 교육에 관련된 생각들을 재정비하는 것에 찬성했으며, 건축의 급진적 시학을 지지했다. 그가 생각하는 급진적인 시학은 이론이 실제 활용방식에 영향을 미치게 되고, 기능의 만족이라는 개념은 심리적

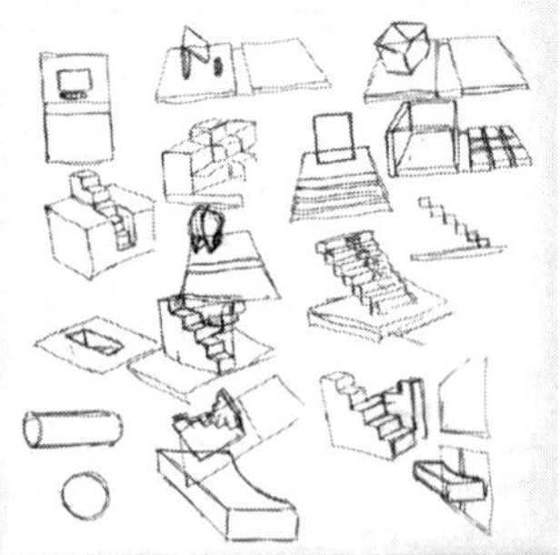

11. 스케치, 묘비와 건축적 오브제
1990년대 중반
팔라스마의 스케치북
연필과 펠트펜

11

차원의 디자인 인식을 포괄하게 되며, 재료와 구조, 빛과 공간은 형이상학적 경험을 향해 집결하는 변화를 의미했다. 커리큘럼과 학부를 향한 이러한 야망은 핀란드 건축에 대한 유럽의 편견—실용성을 강조하여 건축의 본성에 대한 이론적 언술 혹은 사변적 글쓰기에 저항감을 가지고 있다고 생각하는—을 불식하려는 목표를 지향했다. 잦은 타 대학 방문을 통해 팔라스마는 당대 건축교육의 흐름을 매우 잘 인식하고 있었기에, 헬싱키 공과대학의 건축학부가 보다 넓은 건축 교육의 세계로 나가서, 눈에 띠는 존재로 자리매김해야 된다고 생각했고, 이를 위해 노력했다. 하지만 팔라스마에게 있어 그것은 핀란드의 정체성을 강화시키는 것을 통해 진행될 수 있는 일이었다.

이 기간 다른 곳의 건축 논의는 피상적 역사주의와 마찬가지로 피상적인 '해체주의Deconstructivism' 위에 쌓아 올려진 '포스트-모던Post-Modern' 건축에 집중되어 있었다. 하지만 팔라스마는 끊임없이 출판물과 공적인 토론의 장을 통해 수련의 실천과 철학의 회복이 대안임을 주장했다. 그의 관점과 에세이들은 영국의 저널인 「아키텍처럴 리뷰」와 장기간 그 잡지의 편집자였던 피터 데이비Peter Davey의 지지 속에서 처음으로 국제적인 청중을 만날 수 있었다. 피터 데이비는 핀란드 건축에 대해 대단히 우호적이었으며, 보다 진실한 건축을 실천하는 것에 대한 열렬한 지지자였다.

팔라스마의 관점은 건축의 존재론에 대한 새로운 이해를 요구했다는 점에서 '급진적' 이었다. 그의 관점에서 건축은 형이상학적이고 실존적인 토대와 따로 떼어내서 생각할 수 없는 것이었다.

> 우리의 문화는 일상세계와 이상세계를 알아본다. 그리고 이렇게 함으로써, 예술이 그 둘 사이의 매개자로서 기능하는 것을 무효로 만들어 버린다[...]예술은 반드시 일상을 대체하는 형이상학적 차원의 의식을 휘저어 놓아야한다[...]건축의 과제는 일상적 사실의 세계를 아름답게 하거나 '인간의 요구에 알맞게' 하는 것이 아니다. 건축의 과제는 우리 의식의 두 번째

차원, 즉 꿈과 이미지, 기억의 실재성으로 향한 관점을 열어놓는 것이다.[38]

이 건축가는 형이상학적 주택이라고 불릴 수 있는 것들을 향하여 구체적이고 주된 건축적 이미지와 요소들, 디테일들을 덧붙이고 있었다.

주택house은 건축가에 의해 공간적 위계 및 역학, 구조, 빛, 색깔 등의 체계로 구성된다. 반면 집home은 몇몇의 행동 및 상징화의 초점을 둘러싸고 구조화된다. 앞부분(앞마당, 파사드, 도시의 구성 체제urban set-up), 입구, 창문, 난로, 스토브, 테이블, 찬장, 욕조, 책장, 가구, 가보, 수집품등이 집을 위한 초점이 된다...[39]

1995-6년 『건축과 감각』을 처음으로 고안하고, 집필하고, 출판하게 된 것은 바로 이러한 사고와 글쓰기, 교육과 실무에 대한 당대의 배경에 반대하는 입장 때문이었다. 이러한 배경은 스티븐 홀이 직접 작성한 2판 서문과, 팔라스마가 기록한 이책의 모든 서론과 그 개정을 통해 검토되고 있다. 홀이 팔라스마와 페레스-고메스에게 했던, 1994년 A+U 특별판인 『지각의 문제들』에 참여해달라는 제안이, 이후 세 명이 갖게 되는 관계와 관점들을 활성화시킨 촉매가 된 것은 분명하다.[40] 아무리 강력하게 『건축과 감각』에서 생각과 연구, 관심사항들을 표현하더라도 이해의 단계에서는 다르게 받아들여졌고, 그 와

12. 로바니에미 미술관 및 콘서트 홀,
로바니에미, 코룬디Korundi, 2011, 콘서트 홀에서
사진 : 아르토 리티Arto Liiti

13. 시다 사미 랍 미술관 SIIDA Sami Lapp Museum
북부 핀란드, 이나리Inari , 1988
사진 : 라우노 트뢰스켈린

12 

13 

14

15

중에 이 책이 현재 건축의 사건들에 대하여 의도적으로 대조를 이루기 위한 야망으로서 읽힐 수도 있을 것이다. 하지만 팔라스마가 시도했던 대로 읽는 것, 즉 그의 태도와 지각, 통찰력의 결정체를 이루게 하려는 의도대로 이 책을 읽을 때 더 중요하고 더 오래가는 가치들을 얻을 수 있다는 것은 팔라스마 입장에서 보면 매우 명백한 것이다.

시학

이제 40년이 넘는 기간 동안, 팔라스마는 핀란드 헬싱키를 거쳐 세계 도처에 자신의 실제 작품을 지어왔다. 팔라스마 자신의 것도 포함되어있는 일련의 작은 여름별장이 핀란드 만 아키펠라고 사이에 흩어져, 각각 재료나 디테일에서 사이트에 특정한 실험을 수반하여 지어졌다. 헬싱키에서 그의 작품은 다양한 스케일로 등록부에 올라 있다. 루오홀라티 지역Ruoholahti 의 일련의 우아한 교량들과 보행자 산책로들로부터 절묘한 마켓 홀Market Hall복원작업에 이르기까지, 절제된, 짙은 황록색의 (지금은 점점 없어지고 있는) 공중전화박스 및 피난용 컨테이너에서부터 친밀하고 활기 넘치는 상업시설의 중정에 이르기까지, 차분하고 품격 있는 상점 디자인들에서부터 정교한 디테일의 아파트 실내에 이르기까지, 홀의 키아스마 현대 미술관을 둘러싸고 있는 가로등 및 보도에서부터 250미터 길이의 이스턴 센터 쇼핑몰과 (여러층에 걸쳐 상업, 주거, 공공 교통 서비스, 공공광장을 포함한) 헬싱키 캄피 센터

14. 핀란드 문화원Finnish Institute, 파리, 1991
에콜 거리Rue des Ecoles에 면한 파사드
사진 : 제라르 뒤프레슨Gerard Dufresne
15. 도착광장과 천문관측기구, 크랜브룩 아카데미,
미시건 블룸필드 힐즈, 1994
사진 : 발타자르 코라브Balthazar Korab

Kamppi Centre의 내부 광장에 이르기 까지.

그는 작품에 생기를 불어 넣는다. 핀란드 동부의 지역적 중심지인 쿠오피오Kuopio에서 작업한 원호와 현arc and chord의 형태로 구성된 법원 증축과, 북극권 로바니에미에서 진행한 빛으로 채워진, 사용되지 않는 버스정류장의 벽돌을 재활용한 미술관에는 활기가 넘친다. 법원증축에서는 능숙하고 우아한 디테일이, 로바니에미에서는 친밀한 실내악 홀이 그러한 측면을 잘 보여주는 데, 특히 실내악 홀의 색상배치coloration는 화가이자 그래픽 아티스트인 요르마 하울탈라Jorma Hautala와의 협업으로 만들어졌다. (이 건물은 아마도 공공 스케일로서는 팔라스마의 마지막 작품이 될 것이다.) 북극권 훨씬 너머의 이나리에는 시다SIIDA라고 적절히 이름 붙여진 라플란드Lapland의 사미 민족을 위한 민속박물관 하나가 있다. (시다는 사미어로 농가를 의미한다) 이 건물의 디자인은 문화의 재현, 자연광과 지리, 기후 등의 복합적 문제들을 다루고 있다.

바다 건너에서도 그의 관심은 지속된다. 핀란드 문화원Finnish Cultural Institute 11)은 에콜 거리Rue des Écoles에 빛을 비춘다. 파리 소르본Sorbonne 대학 근처의 거리 12)를 마주하고 있는 이 작업에서, 팔라스마는 이전에 극장이었던 건물의 내부공간에 부드럽게 마감된 '보석상자Jewel-box' 개념의 볼륨과 공간들을 서로 맞물리도록 구성하였다. 베이징에 있는 핀란드 대사관은 행정 구역, 정원과 사우나가 드러나도록 배열하고 있는데, 이를 통해 핀란드의 정체성과 모국의 건축적 전통들에 대한 경의가 서로 뒤얽히는 상태를 보여준다. 미시건의 크랜브룩 아케데미는 오랫동안 핀란드의 건축 및 디자인과 동맹을 맺어왔다. 여기서 그는 도착광장을 디자인하면서, 기둥들과 포석paving stones, 풍경들, 곡선의 청동 패널들, 조명,

•

11) 프랑스어로는 L'Institut Filandais. 정식명칭에서 cultural은 포함되지 않는다.

12) 에콜은 프랑스어로 학교를 의미한다.

그리고 우주를 향한 간절한 호소가 크랜부룩 아카데미의 기존의 구조fabric와 잘 섞이도록 짜 넣었다.

그는 작업을 통해 몸을 통한 건축의 경험이 필요하다는 믿음을 표현한다. 이는 '시각보다는 촉각을 이용하는 것the tactile over the visual' 과 건물을 지으면서 형이상학적 차원의 과제를 인정하는 것으로 드러난다. 그는 모든 스케일의 디자인에서 전체성을 강조한다. 이런 생각은—기하학과 재료, 숙련된 장인의 솜씨craftmanship와 디테일의 우아하고 정교한 조합을 통해—그의 작품과 글을 관통하고, 깊이 울리는 공명을 만들어 낸다. 이 때, 건축은 보다 완전한 프로세스의 디자인으로 포괄된다. 완전한 프로세스란 기하학 및 구조를 통한 지적인 형태 배치에 대응하여, 촉각을 이용한 공간, 빛, 재료를 경험하도록 하면서 균형을 이루는 것을 의미한다. 그 결과 공간과 구조는 최소한의 상태가 되어 물질의 조탁elaboration을 위한 장을 남겨둔다. 이런 상태에서는 많은 요소들 위에 손에 만져질 듯한 특성, 즉 미묘한 에로티시즘이 맴돌게 된다. 거주자와 방문자 모두 디자인 대상 그 자체의 능력으로 인해, 손으로 만져보고 싶은 에로티시즘을 경험하도록 유혹받게 된다. 관능적 곡선의 문고리와 서랍 손잡이가 손과 손가락에 주는 바로 그 느낌과 같이 말이다. 사치스러운 동시에 단순한 재료를 다듬

16

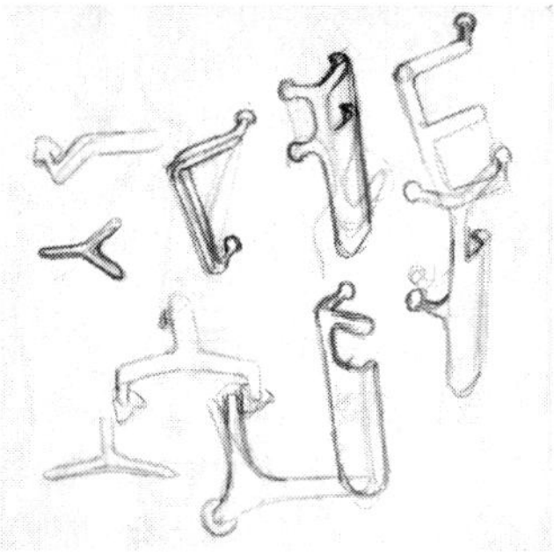

16. 문고리를 그린 스케치들
1980년대 후반~90년대 초
팔라스마의 스케치북
연필과 펠트 펜

는 것은 확실히 즐거운 일이다. 스테인리스 스틸 코일이나, 녹슨 철로 된 조각작품, 놋쇠 손잡이, 층을 이룬 합판이 좋은 예가 될 것이다.

『건축과 감각』에서 팔라스마가 가졌던 야망과 마찬가지로, 그가 디자인한 공간에는 우리가 그 공간을 천천히 경험하게 하려는 의도가 있으며, 이를 위해 다양한 기법이 적용된다. 건축적 요소들의 사려 깊은 배치를 통해, 색깔이 있는 표면들의 조심스러운 사용에 의해, 정교하게 설치된 천창으로부터 내려오는 자연광의 빛줄기와 빛이 공간을 덮는 얇은 막에 의해, 광창clerestories과 틀로 짠 벽체framed wall의 개구부에 의해서, 깊이 생각한 재료의 병치를 통해서, 평면과 단면 양쪽 모두에서 정리된 기하학의 정교한 도입을 통해서, 그리고 각각의 구성요소와 디테일의 정확한 세공에 대한 집중에 의해, 그는 공간의 경험이 천천히 진행되도록 만든다. 그 결과는 일종의 '콜라주'이다. 여기서 개별 감각에 의한 단독적 경험의 가능성은 운에 맡겨야 할 정도로 극히 낮다. 콜라주 상태에서는 주체적인 관계와 연계가 창조되는데, 이는 공간에 진입하는 사람들과, 그들의 촉각기억tactile memory을 사용하는 참여과정이 동반되었기 때문이다. 촉각기억이 디자인으로부터 출발하여 멀리 떨어져 있는 우리 의식 속에서 공명을 일으키는 것은 바로 천천히 지나가는 시간의 경로에 의해서이다. 화강석 원반과 열주, 원만한 곡선을 이룬 타일과 벽, 가녀린 강구조의 계단, 끊임없이 연속되는 다공판재질의 문과 벽, 그리고 천장 패널들에 대한 기억은 우리의 경험을 천천히 늦춘다. 순전한 고요함, 바꿔 말하면 근본적인 공간적 질서에 대한 친밀한 발견을 반영하여 탄생되는 평온함은, 재료의 관능적 사용이 구현하는 호소력과 각각의 공간요소에 스며든 누군가의 손재주에 대한 이해로부터 생명력을 얻게 된다.

그의 디자인 경력이 집필과 교육에 대한 헌신으로 이어지면서, 팔라스마는 점점 더 빈번하게, 건축에 입문한지 얼마 안

되는 학생들과 교수들, 실무 건축가들로 가득 찬 강당에서 강연을 하게 되었다. 이 강연에서도 그의 건물이나 글과 마찬가지로 시간은 느려지고, 손에 잡힐 듯한 밀도를 얻게 된다. 몇백 장의 머리를 후려치는 듯한 이미지들로 이루어진 발표를 통해, 그는 예술과 건축, 그리고 문화교육의 본질적 과제 안에 머무른다. 어두워진 홀에서 그의 목소리 톤은 올라가고 속도는 느려진다. 그러면서 그가 강조하고 싶은 내용에 근접하게 된다.

> 교육의 의무는 상상력과 공감능력을 일구고 지원하는 것입니다. 그러나 우리 문화에서 현재 지배적인 가치는 몽상을 좌절시키고, 감각을 억제하고, 세계와 자아사이의 경계를 돌처럼 굳게 만들고 있습니다. 창조성의 교육은 세계의 절대성에 대해 의문을 던지는 것으로부터 시작되어야 합니다. 그리고 자아의 경계들이 확장되는 것에 대한 의문을 가져야 합니다. 예술 교육의 주된 목표는 예술작품 제작의 원칙을 가르치는 것이 아닌, 학생들의 개성과 그들 자신과 세계의 이미지를 구축하도록 하는 것에 있습니다. 요즘 들어 감각 훈련에 대한 생각은 예술교육에 국한해서는 적절하게 연결이 되고 있습니다. 하지만 감각적 감수성과 감각을 이용한 사고의 제련이란, 예술 교육 이외의 인간 활동의 많은 영역에서도 대체할 수 없는 가치가 있는 것입니다. 조금 더 말해볼까요. 감각과 상상력을 교육하는 것은 충만하고 위엄있는 삶을 위해 필수 불가결한 것입니다.[41]

그의 말은 건축을 배우는 학생이나 다른 영역의 실무자이거나 상관없이 청중의 공명을 일으킨다. 청중들은 종종 처음엔 감상을 즐기거나appreciative, 중재mediative 국면의 침묵에 빠지지만, 오래지 않아 생명력 있는 일련의 질문들을 던지게 된다.

1985년－ '느낌의 기하학' 이 발간되었던 시기－이래로, 그리고 1996년의 『건축과 감각』의 첫 출간이래로는 좀 더 분명히, 팔리스마의 작업과 사고는 건축이론이나 건축적 사고에 적용된 철학 문집에 건축 현상학을 위한 하나의 사례로 빈번하게 인용되고 있다. 그의 결과물의 위치를 분류체계 내에서 이해하기 어렵지는 않지만, 때론 '핀란드의 미니멀리스트' 혹은 '북구의 지역주의자' 와 같이 과도하게 단순화되기도 한다. 하지만 그가 하는 작업의 기원은 층층이 켜를 이루고 다양하게 구성되어 있으며, 또한 이 소개 글에서 밝혔듯, 보다 일반적인 인문주의적 전통에서부터 진행된다. 팔라스마 스스로는 철학자라던가 현상학자라는 말을 하지는 않는데, 이는 철학적 방법론을 수련하는 공식적 교육 경력이 그에게 많지 않기 때문이다. '나는 이 분야에 있어서는 아마추어입니다.' 라며 그는 덧붙인다. '(하지만) 인간의 존재와 지식의 본질의 수수께끼에 관한 내 관심 때문에 철학자들이 남긴 수 없이 많은 책을 꾸준히 읽어왔습니다.' 42 철학자나 현상학자로 자신을 표명하는 대신에, 그는 스스로를 경험에 의거하고 인문학적인 입장을 견지하는 건축가로서 자리매김한다. '나는 건축과 예술에 대한 현재 나의 관점과, 무엇이 현상학적인 입장이어야 하는지에 대한 나의 이해가 나란히 같이 가는 것이라고 말하고 싶습니다. 나의 "현상학"은 건축가로서, 작가로서 그리고 수많은 순수 예술가들과 협업자로서의 경험으로부터 유발됩니다. 그리고 그 정도만큼, 일반적인 내 삶의 경험으로부터도 유발됩니다.' 43

팔라스마는 바슐라르가 언급했던 네덜란드 현상학자인 얀 헨리크 판 덴 베르크JH van den Berg의 주장을 즐겨 인용한다. '화가와 시인은 현상학자로 태어난다.' 44 메를로-퐁티의 비슷한 질문 '화가나 시인이 그가 세상과 직접 마주하는 것 이상의 무엇을 표현할 수 있단 말인가?' 45 라는 말도 그가 좋아하는 인용 문구이다. 이에 대한 대응으로, 그리고 그의 경험을 바탕으로 팔라스마는 건축가로서 그 역시 '현상학자' 로 태어났다고 주장한다. 그리고 그는 이런 믿음을 모든 건축가들 마음속에 북돋운다.

> 나의 관점에서, 건축가는 바로 똑같은 (세계와의) 조우를 경험하고 표현할 의무가 있다. 특히 공예적 손기술이 본질적이고 의미있는 가능성, 즉 우리의 자아와 세계의 경계들을 만질 수 있고, 어떻게 그것들이 섞이고 융합되는지 경험할 수 있는 가능성을 던진다는 이유로, 나는 나 자신이 기본적으로는 건축가라고 믿는다.[46]

『건축과 감각』을 건축 사고에 관한 단지 또 하나의 '가벼운 성명서' 로서 읽을 수도 있다. 하지만 이 책에서 건축형태에서의 '복합성' 이나 '대립성' 13)에 대한 강조는 거의 없다. 투시도법 상의 건축적 이론에 대해, 팔라스마는 목표로 하지도, 믿지도 않는다. 팔라스마가 말하길 그의 접근 방식은 '현상학을 "순수한 바라보기pure looking" 로 이해하는 에드문트 후설의 개념과 일치한다. 그의 접근 방식은 순수하고 현상과의 순수하고 편향되지 않는 조우이다. 이것은 화가가 풍경을 바라보고, 시인이 특별한 인간적인 경험에 대한 시적 이미지를 구하려는 것과 같은 태도이다. 같은 방식으로 건축가는 실존적으로 의미 있는 공간을 상상하는 것이다.' 47 그러한 실존적 문제에 대한 집중이 팔라스마의 통찰력의 초점이 모이는 곳이다. '건축이란 실존에 관련된 문제들을 본질적 차원에서 심오하게 다루는 것을 의미한다. 건축은 실존적 경험과 지혜로부터 유발되는 것이지 지적으로 처리되고 정형화된 이론들에 의해서 발생하는 것이 아니다. 우리는 단지 건축적 현상에 대한 분명한 감수성과 인식을 개발하는 것에 의해서만 건축의 작업에 대비할 수 있다.' 48

●

13) 로버트 벤추리의 『건축의 복합성과 대립성Complexity and Contradiction in Architecture』에 대한 제목상의 패러디이다. 벤추리의 본 내용은 한계에 다다른 모더니즘 건축에 대한 비판에 대한 것이며, 형태적 강조만을 다루고 있지는 않다. 저자는 벤추리의 저작이 포스트-모던 건축에서 형태 중심으로 해석된 것에 대한 비판까지 아우르는 듯 보인다.

『건축과 감각』은 이러한 실존적 과제들을 체화하고, 그러한 감수성들의 발전을 고무한다. 그러나 처방이 없음에도, 이 책은 진단보다는 제안을 시도한다. 팔라스마의 접근은 손 벌려 환영하는, 관대한 성격의 것이고, 결말을 정해놓지 않고, 제약을 두지 않은 성질의 것이다. 그의 접근법은 의미 있고 지속되는 건축의 사고, 개념, 건설을 위한 진정한 '오픈소스' 이다. 『건축과 감각』은 새롭고 다시 활기를 불어넣는 건축 교육을 제안한다. 아마도 기원전 1세기라면 비트루비우스Vitruvius에게, 서기 19세기라면 고트프리드 젬퍼Gottfried Semper에게 익숙한 일이었을, '건축가' 와 '교육' 이라는 단어의 진정한 의미 속에 이미 내재하고 있는 '시학' 을 다시 주장하는 것이다. 팔라스마는 이러한 시적이며, 궁극적으로는 낙관적인 임무에 대해서 강조한다.

> 교육자로서 우리는 종종 '시학' 이라는 개념을 가장 순수한 건축의 특징을 거론할 때 사용합니다. 오늘날 건축에서는 흔한 것이 되어 버린 상스러움과 유용성을 마주하면서, 시학이란 말은 허세나 가식처럼 들릴 수도 있을 거에요.. 하지만 나는 세계와 우리자신, 역사, 현재와 미래, 인간의 제도와 개인 사이의, 그리고 물질과 정신 사이의 중재역할이 건축의 심오한 임무라고 생각합니다. 이것이 시학의 소환이 필요한, 더도 덜도 아닌 이유입니다. 우리 삶의 환경들이 인간적인 의미를 상실하면서, 세계와 우리가 맺는 관계를 재 신화화re-mythicize하고, 다시 관능성을 가지게re-sensualize 하

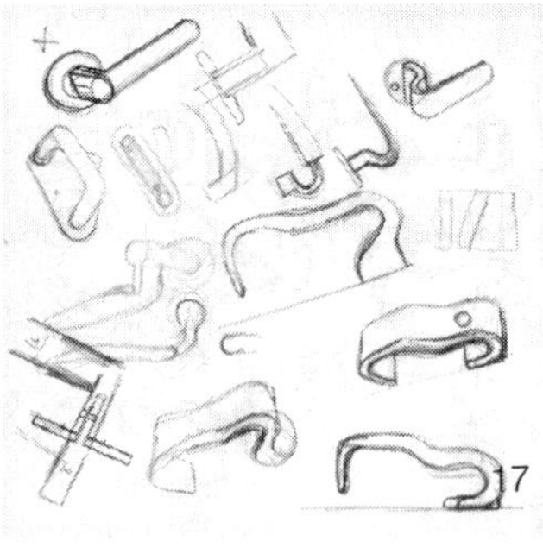

17. 문고리를 그린 스케치들
1980년대 후반~90년대 초
팔라스마의 스케치북
연필과 펠트 펜

> 고, 다시 에로틱하게 하는re-erotic 것이 예술과 건축의 과제가 되었습니다. 다시 한 번 말하지만, 문제는 삶의 시적 차원에 관한 것입니다. 나는 건축의 시적차원을 탐구하는 것을 낭만적이거나 실재적이지 않은 시도라고 생각하지 않습니다. 반대로 필수 불가결한 것이지요. 요컨대, 삶이 존재의 깊은 역사성과 영성spirituality을 상실하게 될 때 인간성도 사라지게 될 것입니다. 건축은 세계와 우리에 대한 이해를 강화하고 유지할 수 있습니다. 그리고 건축은 겸손과 자부심, 호기심과 낙관주의를 지킬 수 있게 해줍니다.[49]

하나의 문고리, 한 번의 악수, 한 번의 대화, 한 번의 조우. 그것이 바로 이 작은 책이 가지는 의미이다.

원주

서문

1. Steven Holl, Juhani Pallasmaa and Alberto Pérez-Gómez, *Questions of Perception: Phenomenology of Architecture,* Special Edition, A+U Publishing (Tokyo), July 1994.

2. Steen Eiler Rasmussen, *Experiencing Architecture,* MIT Press (Cambridge, MA), 1959.

3. Maurice Merleau-Ponty, *The Visible and the Invisible,* Northwestern University Press (Evanston, IL), 1968, pp.148-9

4. Ludwig Wittgenstein, MS 112 46: 14.10.1931, in GH von Wright (편), *Ludwig Wittgenstein-Culture and Value,* Blackwell (Oxford), 2002, p.24e

5. 예를 들기 위해 다음을 볼 것. *Arnold H Modell, Imagination and the Meaningful Brain,* MIT Press (Cambridge, MA; London), 2003. 그리고 Mark Johnson, *The Meaning of the Body: Aesthetics of Human Understanding,* University of Chicago Press (Chicago, IL; London), 2007.

6. Anton Ehrenzweig, *The Psychoanalysis of Artistic Vision and Hearing: An Introduction to a Theory of Unconscious Perception,* Sheldon Press (London), 1975을 볼 것.

서론 : 촉각으로 느끼는 세계

1. James Turrell, 'Plato' s Cave and Light Within' , in Mikko Heikkinen (편), *Elephant and Butterfly: Permanence and Change in Architecture,* 9th Alvar Aalto Symposium (Jyväskylä), 2003, p.144

2. Ashley Montagu, *Touching: The Human Significance of the Skin,* Harper & Row (New York, NY), 1986, p.3

3. Johann Wolfgang von Goethe의 개념, *Ibid,* p.308 참조.

건축과 감각, 제 일장과 제 이장

1. Brooke Hodge (편), *Not Architecture But Evidence That It Exists: Lauretta Vinciarelli-Watercolors,* Harvard University Graduate School of Design(Harvard), 1998, p.130 참조.

2. Friedrich Nietzsche, *Thus Spake Zarathustra,* Viking Press (New York), 1956, p.224

3. Richard Rorty, *Philosophy and the*

Mirror of Nature, Princeton University Press (Prinecton, NJ), 1979, p.239

4. Jorge Luis Borges, *Selected Poems 1923-1967*, Penguin (London), 1985, in Sören Thurell, *The Shadow of A Thought: The Janus Concept in Architecture, School of Architecture*, The Royal Institute of Technology (Stockholm), 1989, p.2참조

5. Richard Kearney, 'Maurice Merleau-Ponty', in Richard Kearney, *Modern Movements in European Philosophy*, Manchester University Press (Manchester; New York, NY), 1994, p.82참조.

6. Heraclitus, Fragment 101a, in David Michael Levin(ed), *Modernity and the Hegemony of Vision*, University of California Press (Berkeley and Los Angeles, CA), 1993, p.1참조

7. Plato, Timaeus, 47b, in Martin Jay, *Downcast Eyes: The Denigration of Vision in Twentieth-Century French Thought*, University of California Press(Berkeley and Los Angeles, CA), 1994, p.27참조

8. Georgia Warnke, 'Ocularcentrism and Social Criticism', in Levin(1993), *op cit*, p.287

9. Thomas R Flynn, 'Foucault and the Eclipse of Vision', in Levin(1993), *op cit*, p.274.

10. Peter Sloterdijk, *Critique of Cynical Reason*, Michael Eldred 역, Jay (1994), op cit, p.21참조

11. Steven Pack, 'Discovering (Through) the Dark Interstice of Touch', *History and Theory Graduate Studio 1992-1994*, McGill School of Architecture (Montreal), 1994.

12. Levin (1993), *op cit*, p.2

13. *Ibid*, p.3

14. David Harvey, *The Condition of Postmodernity*, Blackwell(Cambridge), 1992, p.327

15 David Michael Levin, 'Decline and Fall - Ocularcentrism in Heidegger's Reading of the History of Metaphysics', in Levin (1993), *op cit*, p.205

16. *Ibid*, p.212

17. Dalia Judovitz, 'Vision, Representation, and Technology in Descartes', in Levin (1993), *op cit*, p.71

18. Levin (1993), *op cit*, p.4

19. Friedrich Nietzsche, *The Will to Power*, Book II, Walter Kaufmann 역, Random House(New York, NY), 1968, note 461, p.253

20. Max Scheler, *Vom Umsturz der*

Werte: Abhandlungen und Aufsätze, in David Michael Levin, *The Body's Recollection of Being*, Routledge & Kegan Paul (London; Boston, MA; Melbourne; Henley), 1985, p.57참조
21. Jay (1994), *op cit.*

22. Martin Jay, 'Sartre, Merleau-Ponty, and the Search for A New Ontology of Sight', in Levin (1993), *op cit*, p.149

23. Richard Kearney, 'Jean-Paul Sartre', in Kearney, *Modern Movements in European Philosophy, op cit*, p.63참조

24. Jay (1994), *op cit*, p.149

25. Sigfried Giedion, Space, *Time and Architecture: The Growth of a New Tradition*, 5th revised and enlarged edition, Harvard University Press (Cambridge, MA), 1997.

26. Martin Jay, 'Scopic Regimes of Modernity', in Hal Foster (편), *Vision and Visuality*, Bay Press (Seattle, WA), 1988, p.10

27. 'The Intertwining - The Chiasm', in Claude Lefort (편), *The Visible and the Invisible*, Northwestern University Press (Evanston, IL), 4th printing, 1992. 이 에세이에서 메를로-퐁티는 다음과 같은 묘사로 살의 개념을 설명하고 있다.
'내 몸은 세계와 같은 종류의 살로 만들어지며...내 몸의 이러한 살은 세계에 의해서 공유된다 My body is made of the same flesh as the world [...] this flesh of my body is shared by the world' (p.248); '(세계의 혹은 내 자신의) 살은 스스로에게 회귀하고 스스로에게 순응하는 하나의 질감이다. The flesh (of the world or my own) is [···] a texture that returns to itself and conforms to itself' (p.146); 살의 개념은 메를로-퐁티의 세계와 자아의 얽힘에 대한 변증법적 원칙들로부터 도출되었다. 그는 '살 존재론'에 대해서도 지각의 내적인 현상학의 궁극적인 결론으로서 거론하고 있다. 살 존재론은 의미가 주체와 객체, 영적인 것과 물질적인 것의 내외부에 같이 있다는 것을 암시한다. Richard Kearney, 'Maurice Merleau-Ponty', in Kearney, *Modern Movements in European Philosophy, op cit*, pp.73-90를 보라.

28. Hubert L Dreyfus and Patricia Allen Dreyfus, 'Translators' Introduction', in Maurice Merleau-Ponty, *Sense and Non-Sense*, Northwestern University Press (Evanston, IL), 1964, p.XII에서 인용

29. Maurice Merleau-Ponty, 'The Film and the New Psychology', *in ibid*, p.48

30. Italo Calvino, *Six Memos for the Next Millennium*, Vintage Books (New York, NY), 1988, p.57

31. Martin Heidegger, 'The Age of the World Picture', in Martin Heidegger, *The Question Concerning*

Technology and Other Essays, Harper & Row (New York, NY), 1977, p.134

32 Harvey, *op cit*, pp.261-307

33. *Ibid*, p.293

34. *ibid*, p.293에서 인용

35. Edward T Hall, *The Hidden Dimension*, Doubleday (New York, NY), 1969

36. Walter J Ong, *Orality and Literacy: The Technologizing of the World*, Routledge (London; New York, NY), 1991.

37. *Ibid*, p.117

38. *Ibid*, p.121

39. *Ibid*, p.122

40. *Ibid*, p.12

41. Jay (1994), *op cit*, p.34에서 인용.

42. *ibid*, pp.34-35에서 인용

43. Gaston Bachelard, *The Poetics of Space*, Beacon Press (Boston, MA), 1969, p.XII.

44. Leon Battista Alberti, Levin (1993), *op cit*, p.64에서 인용

45. Jay (1994), *op cit*, p.5에서 인용.

46. Le Corbusier, *Precisions*, MIT Press (Cambridge, MA), 1991, p.7

47. Pierre-Alain Crosset, 'Eyes Which See', *Casabella*, 531-532(1987), p.115

48. Le Corbusier (1991), *op cit*, p.231

49. *Ibid*, p.227

50. Le Corbusier, *Towards a New Architecture*, Architectural Press (London) and Frederick A Praeger (New York, NY), 1959, p.164

51. *Ibid*, p.191

52. Walter Gropius, *Architektur*, Fischer (Frankfurt; Hamburg), 1956, pp.15-25

53. Susan Sontag, On Photography, Penguin (New York,NY), 1986, p.96에서 인용.

54. Le Corbusier (1959), *op cit*, p.31

55. Alvar Aalto, 'Taide ja tekniikka' [Art and Technology] (1955), in Alvar Aalto and Göran Schildt (편), *Alvar Aalto: Luonnoksia [Sketches]*, Otava (Helsinki), 1972, p.87 (본문의 내용은 유하니 팔라스마의 영문 번역임)

56. Jay (1994), *op cit*, p.19에서 인용.

57. Harvey, *op cit*, p.58

58. Fredric Jameson, *ibid*, p.58에서 인

용.

59. Levin (1993), *op cit*, p.203

60. Sontag, *op cit*, p.7

61. *Ibid*, p.16

62. *Ibid*, p.24

63. 1980년대 초 Keijo Petäjä 교수와 나눈 대화. 출처 불명

64. Hans Sedlmayr, *Art in Crisis: The Lost Centre*, Hollis & Carter(London), 1957.

65. Maurice Merleau-Ponty, 'Cezanne's Doubt', in Merleau-Ponty (1964), op cit, p.19

66. Martin Jay, 'Scopic Regimes of Modernity', in Hal Foster (편), *Vision and Visuality*, Bay Press(Seattle, WA), 1988, p.18

67. *Ibid*, p.16

68. *Ibid*, p.17

69. David Michael Levin, *The Opening of Vision: Nihilism and the Postmodern Situation*, Routledge(New York, NY; London), 1988, p.440

70. *Ibid*.

71. Ong, *op cit*, p.136

72. Montagu, *op cit*, p.XIII

73. 눈에는 80만개의 신경섬유와 귓속 달팽이관 보다 18배는 더 많은 신경 말단이 있다. 이들을 이용하여 시신경은 믿을 수 없이 어마어마한 양의 정보를 뇌로 전송한다. 그 속도는 다른 어떤 감각기관보다 앞선다. 각각의 눈에는 1억2천개의 간상체가 있어 대략 500단계의 명암을 구분하여 정보를 취하게 된다. 한편 우리의 눈은 700만개가 넘는 추상체를 통해서 백만 이상의 색상 조합을 구분할 수 있다. Jay (1994), *op cit*, p.6

74. Kearney, *Modern Movements in European Philosophy*, op cit, p.74

75. Maurice Merleau-Ponty, *Phenomenology of Perception*, Routledge (London), 1992, p.203

76. *Ibid*, p.225

77. Kent C Bloomer and Charles W Moore, *Body, Memory, and Architecture*, Yale University Press (New Haven, CT; London), 1977, p.44

78. *Ibid*, p.105

79. *Ibid*, p.107

80. Gaston Bachelard, *The Poetics of Reverie*, Beacon Press (Boston, MA), 1971, p.6

81. 동물실험을 통해, 과학자들은 17개의 다른 방법으로 살아있는 유기체가 환경에 반응한다는 것을 확인하고 있다. Jay (1994), *op cit*, p.6

82. Bloomer and Moore, *op cit*, p.33

83. 루돌프 슈타이너의 연구에 근간을 두고 있는 인류학과 정신심리학은 감각을 12가지로 나눈다. 그들은 각각 촉각touch, 생명감각life sense, 운동감각self-movement sense, 균형감각balance, 후각smell, 미각taste, 시각vision, 열감각temperature sense, 청각hearing, 언어감각language sense, 사고감각conceptual sense, 자아감각ego sense으로 구분된다.
Albert Soesman, *Our Twelve Senses: Wellsprings of the Soul*, Hawthorn Press (Stroud, Glos), 1998.

84. Victor Burgin, 'Perverse Space' 와 Beatriz Colomina (편), *Sexuality and Space*, Princeton Architectural Press (Princeton, NJ), 1992, p.233에서 인용.

85. Jay, in Levin (1993), *op cit.*에서 인용.

86. Stephen Houlgate, 'Vision, Reflection, and Openness: The "Hegemony of Vision" from a Hegelian Point of View', in Levin (1993), *op cit*, p.100

87. Houlgate, *ibid*, p.100에서 인용.

88. Houlgate, *ibid*, p.108에서 인용.

89. Merleau-Ponty (1964), *op cit*, p.15

90. Montagu, *op cit*, p.308에서 인용.

91. Montagu, *ibid.*참조

92. Le Corbusier (1959), *op cit*, p.11
93. Bachelard (1971), *op cit*, p.6

94. Kakuzo Okakura, *The Book of Tea*, Kodansha International (Tokyo; New York, NY), 1989, p.83

95. Edward S Casey, *Remembering: A Phenomenological Study*, Indiana University Press (Bloomington and Indianapolis, IN), 2000, p 172.

96. Judovitz, in Levin(1993), *op cit*, p.80에서 인용.

97. Maurice Merleau-Ponty, *The Primacy of Perception*, James M Edie(편), Northwestern University Press (Evanston, IL), 2000, p.162

98. Le Corbusier (1959), *op cit*, p.7

99. Merleau-Ponty (1964), *op cit*, p.19

100. Jun'ichir-o Tanizaki, *In Praise of Shadows*, Leete's Island Books(New Haven, CT), 1977, p.16

101. Alejandro Ramírez Ugarte, 'Interview with Luis Barragán' (1962), in Enrique X de Anda Alanis, *Luis Barragán: Clásico del Silencio*, Collección Somosur(Bogota), 1989, p.242

102. Ong, *op cit*, p.73

103. Adrian Stokes, 'Smooth and

Rough', in *The Critical Writings of Adrian Stokes*, Volume II, Thames & Hudson (London), 1978, p.245
104. Steen Eiler Rasmussen, *Experiencing Architecture*, MIT Press (Cambridge, MA), 1993.

105. Ibid, p.225

106. Karsten Harries, 'Building and the Terror of Time', *Perspecta: The Yale Architectural Journal* (New Haven, CT), 19 (1982), pp.59-69

107. Cyril Connolly, *The Unquiet Grave: A Word Cycle by Palinurus*, Curwen Press for Horizon (London), 1944.

108. Emilio Ambasz, *The Architecture of Luis Barragán*, The Museum of Modern Art (New York,NY), 1976, p.108에서 인용.

109. Bachelard (1969), *op cit*, p.13

110. Diane Ackerman, *A Natural History of the Senses*, Vintage Books (New York, NY), 1991, p.45

111. Rainer Maria Rilke, *The Note books of Malte Laurids Brigge*, MD Herter Norton 역, WW Norton & Co (New York, NY;London), 1992, pp.47-48

112. Rainer Maria Rilke, *Auguste Rodin*, Daniel Slager 역, Archipelago Books (New York,NY), 2004, p.45

113. Martin Heidegger, 'What Calls for Thinking', in *Martin Heidegger, Basic Writings*, Harper & Row (New York, NY), 1977, p.357

114. Bachelard (1971), *op cit*, p.XXXIV

115. *Ibid*, p.7

116. Marcel Proust, *Kadonnutta aikaa etsimässä, Combray* [Remembrance of Things Past, Combray], Otava (Helsinki), 1968, p.10

117. Stokes, *op cit*, p.243

118. Source unidentified.

119. Stokes, *op cit*, p.316

120. Tanizaki, *op cit*, p.15

121. Bachelard (1971), *op cit*, p.91

122. *Ibid*, p.15

123. 'From Eclecticism to Doubt', dialogue between Eileen Gray and Jean Badovici, *L 'architecture Vivante, 1923-33*, Autumn-Winter 1929, in Colin St John Wilson, *The Other Tradition of Modern Architecture*, Academy Editions(London), 1995, p.112에서 인용

124. Tadao Ando, 'The Emotionally Made Architectural Spaces of Tadao Ando', in Kenneth Frampton, 'The

Work of Tadao Ando', in Yukio Futagawa (편), *Tadao Ando*, ADA Edita (Tokyo), 1987, p.11에서 인용

125. 19세기 중엽, 미국 조각가 Horatio Greenough는 이러한 개념을 이용하여 기능과 형태의 독립에 대한 최초의 명확한 표현을 남겼다. 이것은 나중에 기능주의에 대한 초석이 되었다. Horatio Greenough, *Form and Function: Remarks on Art, Design*, and Architecture, Harold A Small(편), University of California Press (Berkeley and Los Angeles, CA), 1966.

126. Henri Bergson, *Matter and Memory*, Zone Books (New York, NY), 1991, p.21

127. Casey, *op cit*, p.149

128. Alvar Aalto, 'From the Doorstep to the Common Room' (1926), in Göran Schildt, *Alvar Aalto: The Early Years*, Rizzoli International Publications (New York, NY), 1984, pp.214–218

129. Fred and Barbro Thompson, 'Unity of Time and Space' ,*Arkkitehti, The Finnish Architectural Review*, 1981, issue 2, pp.68–70

130 Hubert L Dreyfus 와 Patricia Allen Dreyfus에 의한 'Translators' Introduction' 에서 인용 in Merleau-Ponty (1964), *op cit*, p.XII

131. Bachelard (1969), *op cit*, p.137에서 인용.

132. Henry Moore, 'The Sculptor Speaks', in Philip James (편), *Henry Moore on Sculpture*, MacDonald (London), 1966, p.62

133. *Ibid*, p.79

134. Merleau-Ponty (1964), *op cit*, p.17

135. 예를 들기 위해, Hanna Segal, *Melanie Klein*, The Viking Press (New York, NY), 1979.를 보라.

136. Richard Lang, 'The Dwelling Door: Towards a Phenomenology of Transition', in David Seamon and Robert Mugerauer, *Dwelling, Place and Environment*, Columbia University Press (New York, NY), 1982, p.202

137. Louis I Kahn, 'I Love Beginnings', in Alessandra Latour (편), *Louis I Kahn: Writings, Lectures, Interviews*, Rizzoli International Publications (New York, NY), 1991, p.288

138. Jean-Paul Sartre, *What Is Literature?*, Peter Smith (Gloucester), 1978, p.3

139. *Ibid*, p.4

140. Alvar Aalto, 'Rationalism and Man' (1935), in Alvar Aalto and

Göran Schildt (편), *Alvar Aalto: Sketches*, Stuart Wrede 역, MIT Press (Cambridge, MA; London), 1978, p.48

141. Frank Lloyd Wright, 'Integrity', in The Natural House, 1954.
Frank Lloyd Wright: Writings and Buildings, Edgar Kaufmann와 Ben Raeburn에 의해 선별, Horizon Press (New York, NY), 1960, pp.292-293 실렸다.

문고리 하나, 악수 한 번

이 텍스트 부분은 다음의 글에서 발췌되었다.
Peter MacKeith, 'A Full and Dignified Life', *Archipelago: Essays on Architecture*, Rakennustieto(Helsinki), 2006, pp.214-234

1. Juhani Pallasmaa, 'An Architectural Confession' (2010. 저자에게 제공된 비출간 원고)

2. *Ibid.*

3. *Ibid.*

4. Alvar Aalto, 'EG Asplund In Memoriam' (*Arkkitehti*, 1940), in Göran Schildt (편), *Alvar Aalto in his Own Words*, Rizzoli (New York, NY), 1997, pp.242-243

5. Alvar Aalto, 'The Humanizing of Architecture' (1940), in Alvar Aalto and Göran Schildt (편), *Alvar Aalto: Sketches*, Stuart Wrede 역, MIT Press (Cambridge, MA), 1985, p.77

6. Steen Eiler Rasmussen, *Experiencing Architecture*, MIT Press(Cambridge, MA), 1959.

7. 유용한 참고자료는 다음과 같다:
Janne Ahlin, *Sigurd Lewerentz, Architect*, MIT Press(Cambridge, MA), 1989
Adam Ed Caruso, *Sigurd Lewerentz: Two Churches*, Gingko Press (Hamburg), 1999; Nicola Flora, Paolo Giardiello and Gennaro Postiglione (편), *Sigurd Lewerentz*, Phaidon (London), 2006.

8. 그의 주요한 저작은 다음을 포함한다.
Intentions in Architecture, MIT Press (Cambridge, MA), 1968; Existence, *Space and Architecture*, Praeger Publishers (New York, NY), 1974; *Genius Loci: Towards a Phenomenology of Architecture*, Rizzoli (New York, NY), 1984.

9. 유용한 참고자료는 다음과 같다.
Per Olaf Fjeld, *Sverre Fehn: The Thought of Construction*, Rizzoli (New York), 1983; Per Olaf Fjeld, *Sverre Fehn: The Pattern of Thoughts*, Monacelli (New York, NY), 2009.

10. 유용한 참고자료는 다음과 같다.
Colin St John Wilson, *Architectural Reflections: Studies in the Philosophy and Practice of Architecture*, Butterworth-Heinemann (London),

1992; Colin St John Wilson, *The Other Tradition of Modern Architecture: The Uncompleted Project,* Academy Editions (London), 1995; Roger Stonehouse and Eric Parry, Colin St John Wilson: *Buildings and Projects*, Black Dog Publishing (London), c 2007.

11. 그의 주요한 저작은 다음을 포함한다.
The Quattro Cento: and, Stones of Rimini, Pennsylvania State University Press (University Park, PA), 2002 (최초 1932년과1934년에 각각 출판되었다); *Smooth and Rough*, Faber & Faber (London), 1951; *The Image in Form*, Penguin (London), 1972.

12. 그의 주요한 저작은 다음을 포함한다.
'Towards a Critical Regionalism: Six Points for an Architecture of Resistance', in Hal Foster (편), *The Anti-Aesthetic: Essays on Postmodern Culture*, Bay Press (Port Townsend, WA), 1983, pp.16–30; *Studies in Tectonic Culture: The Poetics of Construction in Nineteenth and Twentieth Century Architecture*, MIT Press (Cambridge, MA), 2001; *Labour, Work and Architecture*, Phaidon Press (London), 2002;
Modern Architecture: A Critical History (World of Art), Thames & Hudson (London), 4th edition, 2007.

13. Gaston Bachelard, *The Poetics of Space*, Beacon Press (Boston, MA), 1969.

14. 스티븐 홀과 키아스마 미술관 디자인에 대한 유용한 참고자료는 다음과 같다
KIASMA, Museum of Contemporary Art, Helsinki, Gingko Press (Berkeley, CA), 1999; Annette LeCuyer, 'Iconic Kiasma', *The Architectural Review*, August 1998, pp.46-53; Peter MacKeith, 'The Helsinki Museum Competition', *Competitions 4*, no 2 (Summer 1994), pp.44–51

15. Alberto Pérez-Gómez, *Architecture and the Crisis of Modern Science*, MIT Press (Cambridge,MA), 1983.

16 가스통 바슐라르의 주요한 저작은 다음을 포함한다.
Earth and Reveries of Will: An Essay on the Imagination of Matter, Kenneth Haltman 역, Dallas Institute of Humanities and Culture (Dallas, TX), 3rd edition,2002;
Air and Dreams: An Essay on the Imagination of Movement, Edith R Farrell and C Frederick Farrell 역, Dallas Institute of Humanities and Culture (Dallas, TX), 3rd edition, 1988; *Water and Dreams: An Essay on the Imagination of Matter*, Edith R Farrell 역, Dallas Institute of Humanities & Culture (Dallas, TX), 3rd edition, 1999; *The Psychoanalysis of Fire*, Alan CM Ross 역, Beacon Press (New York, NY), 1987;*The Poetics of Reverie: Childhood, Language*, and the Cosmos, Daniel Russell 역, Beacon Press (New

York, NY), 1971. 메를로 퐁티의 주요한 저작은 다음을 포함한다. *The Structure of Behavior*, Alden Fisher 역, Beacon Press(Boston, MA), 1963; *Phenomenology of Perception*, Colin Smith 역, Humanities Press (New York, NY), 1962; *Sense and Non-Sense*, Hubert Dreyfus and Patricia Allen Dreyfus 역, Northwestern University Press (Evanston, IL), 1964; *The Visible and the Invisible, Followed by Working* Notes, Alphonso Lingis 역, Northwestern University Press (Evanston, IL), 1968); *The Prose of the World*, John O' Neill 역, Northwestern University Press (Evanston, IL), 1973.

17. Juhani Pallasmaa, *The Thinking Hand: Existential and Embodied Wisdom in Architecture*, AD Primer, John Wiley & Sons (Chichester),2009 Juhani Pallasmaa, *The Embodied Image: Imagination and Imagery in Architecture*, AD Primer, John Wiley & Sons (Chichester), 2011.

18. Pallasmaa, 'An Architectural Confession' (2010), op cit.

19. Ibid.

20. Franz Kafka, letter to Oskar Pollak, 27 January 1904; Max Brod (편), *Briefe*, 1902-1924, Schocken (New York, NY), 1958에서 인용

21. Väino Linna, *Under the North Star (Finnish: Täällä Pohjantahden alla,* 초판 1959), Richard Impola 역, Aspasia Books (Beaverton, Canada), 2001.

22. Milan Kundera, Romaanin taide *(The Art of the Novel)*, WSOY (Helsinki), 1986, p.165

23. Pallasmaa, 'An Architectural Confession' (2010), *op cit.*

24. Juhani Pallasmaa, 'The Two Languages of Architecture: Elements of a Bio-Cultural Approach to Architecture', in Juhani Pallasmaa, *Encounters: Architectural Essays*, ed Peter MacKeith, Rakennustieto (Helsinki), 2005, p.35. Abacus 2, The Yearbook of the Museum of Finnish Architecture The Museum of Finnish Architecture(Helsinki), 1980, pp.57-90 에서 처음으로 발간.

25. Juhani Pallasmaa, in conversation with Peter MacKeith, 2005. 'Landscapes: Juhani Pallasmaa in Conversation with Peter MacKeith', *Encounters: Architectural Essays*, Rakennustieto (Helsinki), 2005, pp.6-22를 보라.

26. Pallasmaa, 'An Architectural Confession' (2010), *op cit.* A similar statement can be found in 'Landscapes : Juhani Pallasmaa in Conversation with Peter MacKeith', (2005), *op cit*, p.10

27. Marja-Riitta Norri, 'The World of Juhani Pallasmaa', in Juhani

Pallasmaa and Marja-Riitta Norri, *Architecture in Miniature: Juhani Pallasmaa*, Finland, The Museum of Finnish Architecture (Helsinki), 1991, p.3
이책은 1991년 9월 8일에서 10월 6일까지 진행되었던 제 5회 베니스 비엔날레 국제건축전에서 팔라스마의 작업이었던 알바알토 파빌리온 전시와 함께 출간되었다.

28. Pallasmaa, 'An Architectural Confession' (2010), *op cit.*

29. Juhani Pallasmaa, in conversation with Peter MacKeith, 2011.

30. Juhani Pallasmaa, in conversation with Peter MacKeith, 2005. 'Landscapes: Juhani Pallasmaa in Conversation with Peter MacKeith' (2005), *op cit.*를 보라

31. Norri, 'The World of Juhani Pallasmaa', *op cit.*

32. *Ibid.*

33. Juhani Pallasmaa, in conversation with Peter MacKeith, 2005. 'Landscapes: Juhani Pallasmaa in Conversation with Peter MacKeith' (2005), *op cit.*를 보라

34. Juhani Pallasmaa, 'The Two Languages of Architecture: Elements of a Bio-Cultural Approach to Architecture', *Abacus 2, The Yearbook of the Museum of Finnish Architecture,* The Museum of Finnish Architecture (Helsinki), 1980, pp.57-90

35. Alvar Aalto, 'The Humanizing of Architecture', *op cit.*

36. Juhani Pallasmaa, 'The Geometry of Feeling: A Look at the Phenomenology of Architecture', *Arkkitehti, The Finnish Architectural Review*, 1985, issue 3, pp.44–49

37. Pallasmaa, 'An Architectural Confession' (2010), *op cit.*

38. Norri, 'The World of Juhani Pallasmaa', *op cit.*

39. Juhani Pallasmaa, 'Identity, Intimacy and Domicile: Notes on the Phenomenology of Home', *Arkkitehti, The Finnish Architectural Review*, 1994, issue 1, pp.14–25

40. Steven Holl, Juhani Pallasmaa and Alberto Pérez-Gómez, *Questions of Perception: Phenomenology of Architecture*, Special Edition, A+U Publishing (Tokyo), July 1994.

41. Juhani Pallasmaa, lecture at Washington University in St Louis School of Architecture, 2005.

42. Pallasmaa, 'An Architectural Confession' (2010), *op cit.*

43. *Ibid.*

44. JH van den Berg, *The Phenomenological Approach in Psychiatry, Charles* C Thomas (Springfield, IL), 1955, p.61

45. Maurice Merleau-Ponty, *Signs*, Northwestern University Press (Evanston, IL), 1982, p.56

46. Pallasmaa, 'An Architectural Confession' (2010), *op cit.*

47. *Ibid.*

48. *Ibid.*

49. Juhani Pallasmaa, in conversation with Peter MacKeith, 2011.

찾아보기

도판 권한 및 출처

제 일장

1. 저작권 시효 만료

2. Luis Bunuel Estate © LBFI 2012; © Salvador Dali, Fundacio Gala-Salvador Dali, DACS, 2012

3. Dziga Vertov/The Museum of Modern Art, New York/Scala, Florence.

4. © Stiftung Preussische Schlosser und Garten, Berlin-Brandenburg.

5. Magritte © ADAGP, Paris and DACS, London 2011.

6. Bayer © DACS 2011.

7. Corbusier © FLC/ADAGP, Paris and DACS, London 2011.

8. 사진: Juhani Pallasmaa.

9. © Ocean/Corbis.

10. © The Aulis Blomstedt Estate /Severi Blomstedt.

제 이장

11. © Kunsthistorisches Museum with MVK and OTM, Vienna.

12. 사진: Juhani Pallasmaa.

13. 사진: David Heald.

14. 사진: Juhani Pallasmaa.

15. © 2011 White Images/Scala, Florence.

16. © Jose Fuste Raga/Corbis.

17. © 2011 Photo Scala, Florence.

18. Museum of Finnish Architecture (사진: Istvan Racz).

19. State Public Library, Ulan Bator, Mongolia.

20. Museum of Finnish Architecture (사진: Heikki Havas).

21. Mairea Foundation (사진: Rauno Traskelin).

22. The Museum of Modern Art, New York/Scala, Florence.

23 © Helene Binet.

24 Mairea Foundation (사진: Rauno Traskelin)

문고리 하나, 악수 한 번

1. Juhani Pallasmaa의 허가, 그의 개인적 아카이브. Photo: Knut Thyberg.

2. 스케치: Juhani Pallasmaa의 허가, 그의 개인적 아카이브

3. 스케치: © Juhani Pallasmaa.

4. Juhani Pallasmaa의 허가, 그의 개인적 아카이브.

5. Juhani Pallasmaa의 허가, 그의 개인적 아카이브. 사진: Rauno Traskelin.

6. 스케치: © Juhani Pallasmaa.

7. 스케치: © Juhani Pallasmaa.

8. Juhani Pallasmaa의 허가, 그의 개인적 아카이브.

9. Juhani Pallasmaa Architects, Helsinki의 허가, 사진: Kaj Lindholm.

10. Juhani Pallasmaa의 허가, 그의 개인적 아카이브.

11. 스케치: © Juhani Pallasmaa.

12. Juhani Pallasmaa Architects, Helsinki의 허가. 사진: Arto Liiti.

13. Juhani Pallasmaa Architects, Helsinki의 허가. 사진: Rauno Traskelin.

14 Juhani Pallasmaa Architects, Helsinki의 허가.
사진:Gerard Dufresne.

15. Juhani Pallasmaa Architects, Helsinki의 허가.
사진: Balthazar Korab.

16. 사진: © Juhani Pallasmaa.

17. 사진: © Juhani Pallasmaa.

옮기면서

번역 작업에 앞서 옮긴이는 십여 년 전에 이 책을 해외에서 접한 적이 있다. 그 당시 일천한 외국어 능력과 독서량에도 불구하고 마치 옆에서 나이 들고 인자한 현자가 무겁고 난해한 내용을, 의미의 변질이나 탈락 없이 조곤조곤 전해주는 듯한 느낌에 한동안 책을 집었다 놓았다 했던 기억이 있다.

첫 페이지를 펼치고 몇 번에 걸친 퇴고에 이르기까지 계절이 두 번 바뀌었다. 번역 제의에, 오랜 친구를 만나는 반가운 마음으로 큰 고민없이 받아들일 때만 하더라도 이 어렵지 않은 단어로 적힌 작은 서적에 이 정도의 시간과 노력이 투자되리라고는 생각하지 못했다. 물론 옮긴이의 능력이 부족하기 때문이기도 하지만 저자가 단어를 배치하고 문장을 만드는 특유의 방식과 그로부터 만들어진 풍부한 의미가 사전적인 의미에 얽매인 해석에서는 이내 축소되고 퇴색했기 때문이었다. 이를 위해 옮긴이는 글을 다듬으면서 원문의 의미가 훼손되지 않는 정확한 지점을 최대한 가늠한 후, 국어의 작법 안에서 가장 유사하거나 보다 효과적이라고 생각될 수 있는 문장의 조립을 택하며 번역을 진행하였다.

고백 하건데 이 책의 최대의 강점이 옮긴이에게는 가장 큰 장애가 된 부분이 되었음을 밝히지 않을 수 없다. 『건축과 감각』은 단순한 사고 및 문장의 전개를 통해 어느새 가볍지만은 않은 의미를 유려하되 화려하지 않고, 강단 있되 강요하지 않는 방식으로 풀어낸다. 핀란드 건축가인 팔라스마가 영어로 직접 이 책을 집필했다는 데에서 그의 뛰어난 언어감각 뿐 아니라, 독자를 향한 강한 소통 의지를 엿볼 수 있다. 그의 이런 친절함이 이 책 곳곳에 묻어난다. 그는 천성적으로 교육자로서 글쓰기에 관해서는 타고난 재주를 가지고 있는 듯싶다.

팔라스마는 이 책이 건축 이론 교육의 기초과정에서 참고 및 추천도서로 사용되고 있다고 언급하고 있지만, 이 책의 잠재적 가치는 학부생을 위한 교양서적의 선을 간단히 넘어 버린다. 왜 그의 강연에 건축에 입문한지 얼마 안 되는 학생들뿐만 아니라 실무에서 작업을 하는 건축가들까지 많이 참여를 하는지 생각해보면 이는 보다 분명해진다.

그렇다고 해서 옮긴이는 이 책의 모든 부분이 액면 그대로 받아들여야 된다고 말하는 것은 아니다. 이 책과, 이 책을 포함한 저자의 태도에 대해서는 유의미한 비판이 가능할 것이다. 사실 기존의 건축이 시각중심의, 눈을 끌고 자극적이지만 감동은 없는 이미지 대량생산의 작업이 되었다는 것을 강조하기 위해 팔라스마는, 스스로의 표현대로 반대 지점에서, 반대 논리를 중심으로 이야기를 펼쳐가는 느낌이 없지 않다. 하지만 여전히 팔라스마가 가리키는 조율된 감각 세계는 기능이라는 말에 정서와 감각에 대한 범주가 포함되어야 된다고 믿는 만큼이나 가치가 있다.

그의 책은 어렵지 않게 지식이나 방법론, 혹은 태도에 대한 방향을 제시한다는 점에서 첫 만남으로 충분히 만족할 수도 있을 것이다. 하지만 옮긴이는 지금 이 페이지를 읽고 계신 독자 분들께 시간차를 두고 이 책을 다시 한 번 읽어보기를 권한다. 그러면 이 책의 두 번째 가치가, 정서적 기준점을 정초하고 위무와 치유의 기능으로서의 역할에 있다는 것을 이해할 수 있을 것이다. 『건축과 감각』은 애상이나 우수에 빠지지 않으면서도 독자들의 건축에 대한 애정과 갈망을 읽어내고, 부드러운 손길로 위로하며, 어깨를 토닥이고 다시 걸어 나갈 수 있도록 힘을 실어준다. 그리고 나는 이것이 건축의 시학이, 그리고 시학을 담고 있는 이론이 사용자와 거주자뿐만 아니라 건축을 만드는 이들에게도 수행해야 되는 역할이라고 믿는다.

『건축과 감각』의 번역을 진행하면서 점점 또렷해졌던 생각 하나는 건축이론이 무엇을 해내야 되는가에 대한 것이었다. 건축의 이론이 건축 종사자와의 건강한 긴장 관계를 잃고, 그들의 혀 위에서 봉사하거나, 전문가와 비전문가를 가르며 진입을 막는 일종의 장벽이 되어있는 상황을 우리는 이미 충분히 우리의 도시와 건축을 통해 지각하고 있다. 이것이 우리가 건축이론을 쉽게 교환가치로 전환시킬 수 없다는 이유로 건축으로부터 독립된 영역에 한정하였을 때, 건축과 도시가 어떻게 무시무시하게 바뀔 수 있는가에 대한 움직일 수 없는 증거이며, 그러한 상황 인식 속에서 이 책은 강력한 저항과 방어 속에서 이론이 어떻게 실제 디자인에 반영될 수 있을까에 대한 방향제시를 위한 참조의 장을 마련해 줄 것이다.

마지막으로 이 책과 깊은 만남을 할 수 있는 기회를 주신 출판사와 몇 번의 기간 연기와 가필을 책을 위한 마음으로 받아주신 담당자, 각자의 바쁜 일정 속에도 일천한 문장을 다듬어 주신 지인분들, 그리고 급한 설계 작업 중에도 꿋꿋이 번역 작업만 하고 있던 역자를 싫은 내색 안하며 견뎌준 동료 분들께 깊은 사과와 고마움을 전한다.

역자 씀

김 훈

• 고려대학교 건축공학과 졸업
• 서울대학교 건축학 박사
• 전, studio. t.a.g 공동대표
• 현, 경북대학교 건축학부 건축학전공 조교수

건축과 감각

The Eyes of the Skin: Architecture and the Senses

Juhani Pallasmaa 저
김 훈 옮김

2013년 1월 10일 1쇄 발행
2014년 6월 16일 2쇄 발행
2019년 2월 20일 3쇄 발행
2021년 12월 20일 4쇄 발행
2024년 7월 10일 5쇄 발행

발행인 김기현
발행처 시공문화사 *Spacetime*

등 록 1993년 3월 12일
주 소 서울시 서대문구 독립문공원길 13 극동프라자 5층
전 화 02) 3147-1212, 2323
전 송 02) 3147-2626
ISBN 978-89-5592-409-1
http://www.spacetime.co.kr
spacetime@korea.com

정가 10,000 원